Android

图形显示系统

李先儒 ◎ 著

U0387691

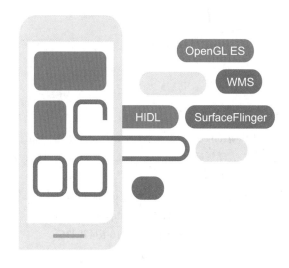

清华大学出版社

北京

内 容 简 介

本书主要介绍 Android 图形显示系统。首先介绍图形显示系统的框架；然后在对图形显示系统有一个整体认识的基础上，重点介绍每个图形组件的工作原理；最后介绍输入，输入与显示结合在一起才能实现用户与计算机的交互。

全书共分 7 章。第 1 章介绍图形显示系统的框架；第 2 章介绍图形显示系统涉及的进程间通信方式；第 3 章介绍硬件抽象层的图形组件；第 4 章介绍图形流消费者处理图形缓冲的流程；第 5 章介绍窗口位置管理服务的内容；第 6 章介绍图形流的生产过程；第 7 章介绍输入。

本书适合作为高等院校计算机、软件工程及相关专业本科生、研究生的参考资料，也可供有 Android 基础的软件开发者参考。

本书封面贴有清华大学出版社防伪标签，无标签者不得销售。

版权所有，侵权必究。举报：010-62782989，beiqinquan@tup.tsinghua.edu.cn。

图书在版编目 (CIP) 数据

Android 图形显示系统 / 李先儒著 . —北京：清华大学出版社，2024.1
ISBN 978-7-302-65355-4

Ⅰ. ① A⋯　Ⅱ. ①李⋯　Ⅲ. ①移动终端－应用程序－程序设计　Ⅳ. ① TN929.53

中国国家版本馆 CIP 数据核字 (2024) 第 012205 号

责任编辑：安　妮
封面设计：刘　键
版式设计：方加青
责任校对：王勤勤
责任印制：杨　艳

出版发行：清华大学出版社
　　　网　　　址：https://www.tup.com.cn，https://www.wqxuetang.com
　　　地　　　址：北京清华大学学研大厦 A 座　　　　　　邮　　编：100084
　　　社 总 机：010-83470000　　　　　　　　　　　　邮　　购：010-62786544
　　　投稿与读者服务：010-62776969，c-service@tup.tsinghua.edu.cn
　　　质 量 反 馈：010-62772015，zhiliang@tup.tsinghua.edu.cn
　　　课 件 下 载：https://www.tup.com.cn，010-83470236
印 装 者：天津鑫丰华印务有限公司
经　　销：全国新华书店
开　　本：185mm×260mm　　　印　　张：11.25　　　字　　数：226 千字
版　　次：2024 年 1 月第 1 版　　　印　　次：2024 年 1 月第 1 次印刷
印　　数：1 ～ 2500
定　　价：69.00 元

产品编号：102324-01

图形显示系统在计算机、智能手机的普及过程中发挥着重要作用。早期的计算机只能通过命令行的方式进行交互，需要用户熟悉各种命令，这对于普通用户而言难度比较大。后来出现了支持图形显示系统的操作系统，用户与计算机之间通过图形的方式进行交互，大大降低用户使用计算机的难度，使得普通用户也可以用计算机完成特定任务，如玩游戏、看电影等。在以图形方式交互的系统中，软件开发者需要为应用开发各种图形界面，掌握图形显示系统更容易优化图形界面的交互体验。

图形显示系统是一个非常复杂的系统，涉及的模块比较多，而且很多模块偏底层，通过阅读代码很难掌握其中的知识点。笔者主要从事 Android 系统方面的开发工作，在工作中常常遇到与显示相关的问题，为了更好地处理这些问题，对 Android 的图形显示系统进行了系统性的学习，经过长时间的研究、摸索才有了一定程度的理解。为了使读者能更轻松、容易地了解图形显示系统方面的知识，笔者把相关的知识点整理出来，编写了本书。

本书从框架和流程两个角度对图形显示系统进行介绍。从框架开始认识图形显示系统的全貌，在此基础上学习框架中各个图形组件的工作流程。由于流程比较多，本书只对关键的流程进行重点介绍。为了帮助读者更容易地理解其中的知识点，笔者会结合简单的示例逐步展开介绍，分析示例背后的工作流程，同时配有大量的图例。

本书共分为 7 章，各章的主要内容如下。

第 1 章，从整体上认识图形显示系统的框架，了解图形显示系统需要掌握哪些内容。

第 2 章，介绍图形显示系统涉及的 3 种进程间通信方式，分别为 Binder、共享内存和套接字。本章是学习图形显示系统的基础。

第 3 章，介绍硬件抽象层的图形组件的功能及其工作流程。

第 4 章，介绍图形流消费者的工作原理，主要介绍将多个图形缓冲合成到帧缓冲的过程。

第 5 章，介绍窗口位置管理服务的内容，包括如何创建和管理窗口。

第 6 章，介绍图形流生产者的工作原理，主要介绍 2D 图形、3D 图形的生产和显示过程。

第 7 章，介绍图形窗口响应输入事件及输入法输入文字的流程。

本书之所以选择 Android 系统，是因为它是目前智能手机主流的操作系统，并且是开源的，其源码便于研究。本书基于 Android 9 基线，因此读者在阅读本书时需要下载 AOSP（Android Open Source Project）源码，还需要准备一台装有 Ubuntu 系统的计算机，用于对源码进行编译，编译之后在模拟器上运行，方便对底层的源码进行跟踪学习。为了更好地理解本书的内容，读者需要先了解 Android 的基本概念，掌握 C、C++ 和 Java 等编程语言的基本语法。

全书由李先儒编写，在编写过程中得到梁云侠的大力支持，在此表示衷心的感谢。

本书的内容基于笔者个人的理解写就，且笔者水平有限，书中难免会有不当之处，欢迎广大同行和读者批评指正。

李先儒

2023 年 8 月

CONTENTS | 目录

第1章 绪 论

▶ 1.1 简介

在计算机中，操作系统提供的操作界面分为命令行界面和图形界面。命令行界面是最早出现的用户界面，可供用户通过键盘输入指令，计算机收到指令后予以执行。通过命令行界面向计算机发送指令，操作复杂，要求用户熟悉基本的指令，适合专业技术人员操作。图形界面允许用户使用鼠标等输入设备操作屏幕上的图标、菜单选项等图形元素，图形元素响应输入事件，向计算机发送具体的指令。与命令行界面相比，图形界面具有直观、简单等优点，在视觉上更直观，适合普通用户。从实现角度而言，图形界面比命令行界面更为复杂，对计算机性能要求更高。

图形界面分为 2D 图形界面和 3D 图形界面。常见的计算机、手机等设备给用户呈现的是 2D 图形界面。VR 头显设备可以给用户呈现 3D 图形界面，当用户戴上设备后，看到的虚拟环境就是 3D 图形界面，使用户仿佛身临其境。

对于图形界面，不同的输入方式也会带给用户不同的体验。鼠标有助于用户定位并操控目标，降低了用户操作计算机的难度。伴随触摸屏的出现，用户可以通过触摸屏向手机发送指令，触觉和视觉的结合进一步降低使用手机的难度。借助人工智能技术，用户还可以通过语音、手势等方式向计算机发出指令，即不通过屏幕、鼠标等设备也可以与计算机交流。

图形系统包括图形显示和交互方式，本书基于 Android 系统来介绍这两部分内容：图形显示主要介绍图形流从产生到显示的整个过程；交互方式主要介绍触摸事件的处理流程。

▶ 1.2 图形显示系统框架

下面介绍图形显示系统框架，如图 1.1 所示。

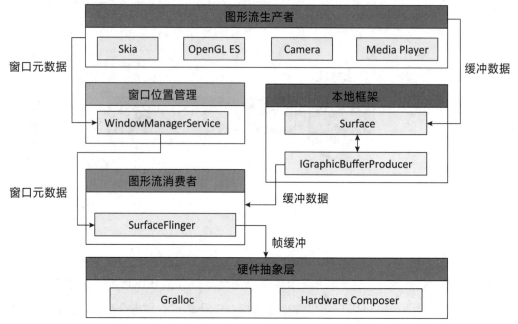

图 1.1　图形显示系统框架

这个框架只包含了用户空间的图形组件，不涉及底层的显示驱动。框架主要包括以下4 个图形组件。

1. 图形流生产者

图形流生产者一般指的是各个应用，这些应用通过不同的方式生产出要显示的图形流——可以通过 Skia、OpenGL ES 等图形库绘制得到，也可以通过 Camera 拍摄得到，还可以通过 Media Player 解码得到。

图形流使用缓冲数据表示，图形流生产者通过 Surface 可以把缓冲数据直接传递给图形流消费者。

2. 窗口位置管理

窗口位置管理由 WindowManagerService（WMS）完成。现代操作系统一般是多任务的系统，支持多个应用同时运行。当每个应用都需要显示界面时，如果没有窗口位置管理，系统就无法知道该显示哪个应用的界面。

窗口位置管理维护所有窗口的位置信息，包括窗口在屏幕中的位置、宽高、前后顺序和显示状态等信息，这些信息称为窗口元数据（window metadata）。每当一个窗口的元数据发生了变化，窗口位置管理会通知图形流消费者。

3. 图形流消费者

图形流消费者负责处理图形缓冲，由 SurfaceFlinger 完成。对于图形显示而言，消费过程是将各个应用生产的图形数据进行汇总，根据窗口管理提供的窗口元数据将多个图形数据合成到帧缓冲（frame buffer）。

帧缓冲保存的内容正是即将在屏幕中显示的图形数据，通过硬件抽象层传递到显示屏幕。

4. 硬件抽象层

硬件抽象层负责与底层驱动交互，它封装了与底层驱动交互的细节，对外提供简单的接口。有了硬件抽象层，图形消费者只需调用相关的接口即可与底层驱动进行交互，无须关心具体的交互细节。

在硬件抽象层中有两个与图形显示系统相关的组件，分别是 Gralloc 和 Hardware Composer，前者负责图形缓冲的分配与释放，后者负责将图形缓冲的内容传递到底层驱动显示。

本地框架属于框架层，图形流生产者通过本地框架中的 Surface 可将缓冲数据传递到图形流消费者。

以上 4 个组件是构成图形显示系统的核心组件，本书围绕这 4 个组件展开，详细介绍每个组件的主要功能、核心流程，以及组件与组件之间是如何配合工作的。

第2章 进程间通信

图形显示系统是一个复杂的系统，由不同的组件构成，这些组件分别运行在不同的进程，组件之间的交互不可避免地涉及进程之间的通信，因此在学习图形显示系统的相关内容之前需要了解进程之间是如何进行通信的。

进程间通信有多种方式，这里只介绍图形显示系统使用到的 3 种方式：Binder、共享内存和套接字。

2.1 简介

2.1.1 定义

进程间通信指的是不同进程之间传播或交换信息的过程。在此之前，先介绍操作系统的内存管理方式。每次创建一个新的进程，操作系统都会为该进程分配虚拟内存。图 2.1 展示的是 32 位系统中每个进程的寻址范围。

可以看出，应用进程的寻址范围是 0 ～ 3GB，3 ～ 4GB 分配给操作系统内核使用，应用进程不可访问。在内存只有 4GB 的情况下，为什么每个进程都可以访问 3GB 的地址空间呢？这是因为进程访问的地址是虚拟地址，在不真正使用内存的情况下，是不占用物理内存的。如果进程需要保存数据，就需要向操作系统申请内存，申请成功后得到的是虚拟内存，只有真正保存数据时，才将虚拟内存与物理内存进行关联，此时才真正占用物理内存。

虚拟地址映射到物理地址由内存管理单元（Memory Management Unit，MMU）完成，这一过程如图 2.2 所示。

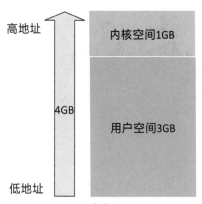

图 2.1 32 位系统中每个进程的寻址范围

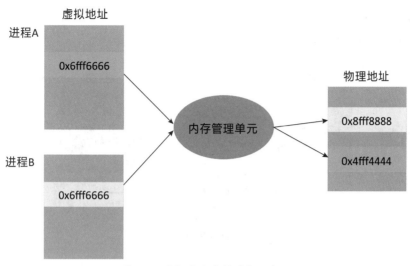

图 2.2 虚拟地址映射到物理地址

在图 2.2 中，进程 A 和进程 B 都访问地址 0x6fff6666，经过地址映射后，进程 A 的地址映射到 0x4fff4444，进程 B 的地址映射到 0x8fff8888。通常情况下，除了共享内存，不同进程访问的地址是不会映射到同一个物理地址的。

虚拟内存可以控制进程对物理内存的访问，隔离不同进程的访问权限，提高系统的安全性。操作系统为每个进程分配一套独立的虚拟地址空间，进程之间互不干涉。

2.1.2 必要性

通常情况下，一个复杂的任务由不同的子任务组成，而子任务运行在不同的进程。下面通过图 2.3 说明如何完成多进程的任务。

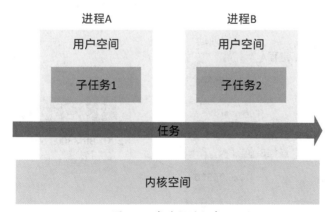

图 2.3 多进程的任务

在图 2.3 中，一个任务包含两个子任务，子任务 1 由进程 A 执行，子任务 2 由进程 B 执行。子任务 2 依赖于子任务 1 的执行结果，由于进程地址空间的独立性，进程 A 需要通过进程间通信方式将子任务 1 的执行结果传递到进程 B，进程 B 才能执行子任务 2。

2.1.3 实现方法

进程间通信的原理如图 2.4 所示。

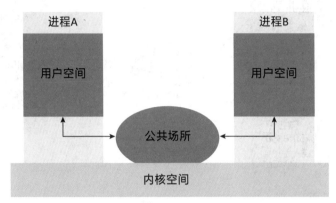

图 2.4　进程间通信的原理

在图 2.4 中，进程 A 要与进程 B 进行通信，需要协商出一个公共场所，由进程 A 先把信息传递到公共场所，进程 B 再从公共场所把信息取出来，从而实现信息从进程 A 传递到进程 B，这是实现进程间通信的基本思路。

公共场所是进程间通信的关键。公共场所不一样，通信方式通常也不一样。很多进程间通信方式都以内核作为公共场所。在单操作系统的设备上只有一个内核，不同的应用进程可以与同一个内核进行交互，由内核来完成信息的传递。Binder 和套接字都属于这种方式。

内存也可以作为公共场所，正常情况下两个进程不会访问同一段物理地址，但是可以通过特定的方式使两个进程的某一段地址映射到同一段物理地址。共享内存的通信原理如图 2.5 所示。

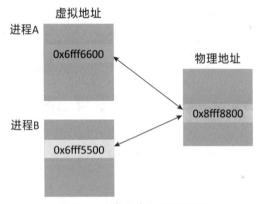

图 2.5　共享内存的通信原理

在图 2.5 中，进程 A 的地址 0x6fff6600 和进程 B 的地址 0x6fff5500 都映射到了物理地址 0x8fff8800，进程 A 向地址 0x6fff6600 写入数据，数据会保存到地址为 0x8fff8800 的物理内存中；进程 B 从地址 0x6fff5500 读取数据，读取的是地址为 0x8fff8800 的物理内存的内容，即读取到的是进程 A 保存的内容。共享内存最关键的是如何使两个进程的某一段虚拟内存都映射到同一段物理内存，相关内容参见 2.3 节。

图形显示系统相关的 3 种进程间通信方式中，Binder 最为复杂，因此我们会对其进行重点介绍。

▌▶ 2.2 Binder

Binder 具有高效、安全等特性，是 Android 系统主要的进程间通信的方式。一般的事务请求都是基于 Binder 实现的。

2.2.1 示例

在本示例中，有两个进程：服务（server）进程和客户（client）进程。服务进程的实现代码如下所示：

```
#include "IDemoService.h"
int main() {
    sp < IServiceManager > sm = defaultServiceManager();
    sm->addService(String16("testservice"), new BnDemoService());
    ProcessState::self()->startThreadPool();
    IPCThreadState::self()->joinThreadPool();
    return 0;
}
```

服务进程包括以下 4 步。

（1）defaultServiceManager：获取 IServiceManager 对象。通过该对象可向服务管理进程（service manager）发送请求。

（2）addScrvice：添加服务。这里向服务管理进程添加了一个名为 testservice 的服务。

（3）startThreadPool：开启线程池。这一步会创建一个新线程并将其加入线程池，线程池中线程的主要任务是接收和处理请求。

（4）joinThreadPool：将主线程加入线程池，进入循环，开始接收并处理请求。

从第（3）步和第（4）步可以看出，服务进程至少有两个线程在接收请求，其中一个是新建的线程，另一个是主线程。由于主线程进入了循环，程序走到第（4）步没有返回，因此服务进程一直在运行。服务进程处理请求的模块为 BnDemoService，任意接收线程收到请求都可以交给它处理。

服务进程启动后，客户进程便可向它发送请求。客户进程的实现如下所示。

```
#include "IDemoService.h"
int main() {
    sp < IServiceManager > sm = defaultServiceManager();
    sp<IBinder> binder = sm->getService(String16("testservice"));
    sp<IDemoService > cs = interface_cast<IDemoService >(binder);
    int result = cs->sendCommandHello("Hello world from Client");
    printf("get result from server %d \n", result);
    return 0;
}
```

客户进程主要有以下 3 步。

（1）defaultServiceManager：获取 IServiceManager 对象，用于向服务管理进程发送请求。

（2）getService：查询名称为 testservice 的服务，返回的是一个 IBinder 对象。

（3）sendCommandHello：通过 IBinder 对象向服务进程发送请求，并返回结果。

在第（3）步，客户进程把字符串 "Hello world from Client" 传输到服务进程，服务进程收到该字符串后把它打印出来，然后返回结果。

上面的源码经过编译后，得到的是两个可执行文件：DemoServer 和 DemoClient，把这两个文件推送到 Android 设备上运行，运行结果如图 2.6 所示。

（a）服务进程的运行结果　　　　　　（b）客户进程的运行结果

图 2.6　运行结果

在运行之前，通过 chmod 修改可执行文件的权限。图 2.6（a）是服务进程的运行结果，把客户进程传过来的字符串打印出来。图 2.6（b）是客户进程的运行结果，把返回结果 1234 打印出来。客户进程与服务进程通过 Binder 的方式实现了信息的交换。

本示例完整代码可以参考附录 A。通过本示例，读者可以初步了解使用 Binder 实现进程间通信的方法。接下来，将围绕该示例介绍 Binder 通信的相关内容。

2.2.2　框架

2.2.1 节的示例主要介绍了服务进程和客户进程，在实际过程中，还涉及服务管理进程和 Binder 驱动——Binder 框架由这 4 部分组成，如图 2.7 所示。客户进程需要依赖服务管理进程才能与服务进程建立通信的连接，进程之间通过 Binder 驱动完成信息的传递。

Binder 框架主要由以下 4 个组件构成。

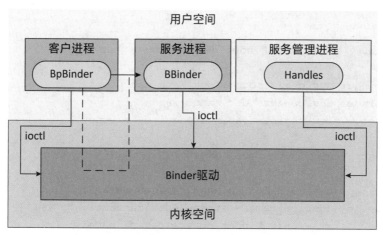

图 2.7　Binder 框架

（1）客户进程：使用服务的进程。客户进程向服务管理进程查询得到 BpBinder 对象，通过 BpBinder 对象可与服务进程的 BBinder 对象建立通信连接。

（2）服务进程：提供服务的进程。服务进程中以 BBinder 对象表示服务，服务进程收到请求后由 BBinder 对象处理。

（3）服务管理进程：这是一个特殊的进程，对外提供添加服务和查询服务功能。其他进程可直接与它通信。

（4）Binder 驱动：运行在内核空间。所有进程都可以与驱动联系，进程之间通过驱动实现信息的交换。

这里根据特定的服务对象判断一个进程是客户进程还是服务进程。如果一个进程提供了某个服务，相对该服务而言，它是服务进程，其他进程都是客户进程。

了解框架中各个组件的功能后，下面分别介绍它们的工作流程。

2.2.3　Binder 驱动

在 Binder 进程间通信中，通信的核心工作在驱动里实现，Binder 驱动起着很关键的作用。下面介绍 Binder 驱动的基本流程。

1. Binder 驱动初始化

Binder 驱动与 Linux 的其他驱动一样，需要定义初始化函数，在初始化的过程中注册设备。初始化的相关代码如下所示。

```
/* drivers/staging/android/binder.c */
static const struct file_operations binder_fops = {
        .unlocked_ioctl = binder_ioctl,
        .compat_ioctl = binder_ioctl,
        .mmap = binder_mmap,
```

```
        .open = binder_open,
};
static int __init init_binder_device(const char *name)
{
        binder_device->miscdev.fops = &binder_fops;
        binder_device->miscdev.name = name;
        ret = misc_register(&binder_device->miscdev);
}
static int __init binder_init(void)
{
        strcpy(device_names, binder_devices_param);
        while ((device_name = strsep(&device_names, ","))) {
                ret = init_binder_device(device_name);
        }
}
device_initcall(binder_init);
```

驱动初始化的主要目的是注册设备，具体过程如下。

（1）通过 device_initcall 向系统注册 Binder 驱动的初始化函数。安装 Binder 驱动后，系统启动时会自动调用 Binder 驱动的初始化函数 binder_init。

（2）binder_init 主要解析设备名称，并通过 init_binder_device 注册设备。这里会注册三个设备，名称分别为 /dev/binder、/dev/hwbinder 和 /dev/vndbinder。

（3）init_binder_device 调用 misc_register 注册设备，注册时需要将设备与文件操作符关联。设备注册完成后应用进程操作设备，系统会调用对应的函数处理，如 open 操作对应 binder_open。

2. 应用进程与驱动交互

最先与 Binder 驱动交互的应用进程为服务管理进程。以下是服务管理进程开始与 Binder 驱动交互的流程。

```
/* frameworks/native/cmds/servicemanager/binder.c */
struct binder_state *binder_open(const char* driver, size_t mapsize)
{
    bs->fd = open(driver, O_RDWR | O_CLOEXEC);
    bs->mapped = mmap(NULL, mapsize, PROT_READ, MAP_PRIVATE, bs->fd, 0);
}
```

binder_open 有以下两个操作。

（1）open：该操作的目的是打开设备。第 1 个参数表示设备名称，如 /dev/binder。操作成功后返回文件描述符（File Descriptor，FD），其他操作需要依赖文件描述符。

（2）mmap：该操作的目的是内存映射。第 2 个参数表示要映射的内存大小，第 5 个参数是文件描述符，其他参数先不用关注。操作成功返回内存地址，通过该地址可以对内存进行读写操作。

在驱动层，open 对应的处理函数为 binder_open，流程如下。

```c
/* drivers/staging/android/binder.c */
static HLIST_HEAD(binder_procs);
static int binder_open(struct inode *nodp, struct file *filp)
{
        struct binder_proc *proc;
        struct binder_device *binder_dev;
        proc = kzalloc(sizeof(*proc), GFP_KERNEL);

        hlist_add_head(&proc->proc_node, &binder_procs);
        filp->private_data = proc;
}
```

binder_open 主要创建 binder_proc 对象。该对象用于记录进程信息，包括接收线程、待处理请求、缓冲等。为了方便统计使用 Binder 通信的进程信息，这里把 binder_proc 对象保存到了全局变量 binder_procs 中。同时为了其他操作能方便地找到 binder_proc 对象，也将其保存到 file 对象的 private_data 中。

open 操作后返回文件描述符，通过该文件描述符可以进行 mmap 操作，对应的处理函数 binder_mmap，流程如下。

```c
/* drivers/staging/android/binder.c */
static int binder_mmap(struct file *filp, struct vm_area_struct *vma)
{
  struct binder_proc *proc = filp->private_data;
  area = get_vm_area(vma->vm_end - vma->vm_start, VM_IOREMAP);
  proc->buffer = area->addr;
  proc->user_buffer_offset = vma->vm_start - (uintptr_t)proc->buffer;
  proc->pages = kzalloc(sizeof(proc->pages[0]) * ((vma->vm_end - vma->vm_start) / PAGE_SIZE), GFP_KERNEL);

  buffer = proc->buffer;
  INIT_LIST_HEAD(&proc->buffers);
  list_add(&buffer->entry, &proc->buffers);
  buffer->free = 1;
  binder_insert_free_buffer(proc, buffer);
}
```

binder_mmap 的主要工作是分配内存，具体内容如下。

binder_mmap 函数中的第 1 个参数为 file，通过它可以得到 binder_proc 对象。第 2 个参数为 vm_area_struct 结构，表示用户空间已经分配好的一段虚拟内存。

get_vm_area 在内核空间分配一段与用户空间大小一样的虚拟内存，接着把内存的相关信息保存到 binder_proc 对象中：buffer 保存内核空间分配的内存的首地址；user_buffer_offset 保存用户空间与内核空间的两段内存的偏移；pages 记录页信息，物理内存以页为单位进行申请。

由此可见，mmap 操作在用户空间和内核空间都分配了大小相等的内存，一个进程只有申请到内存才能保存其他进程传递过来的信息。

2.2.4　服务管理进程

在 2.2.1 节的示例中，服务进程向服务管理进程添加服务，客户进程向服务管理进程查询服务。服务管理进程要先启动才能处理服务进程和客户进程的请求。服务管理进程的启动流程如下。

```
/* frameworks/native/cmds/servicemanager/service_manager.c */
int main(int argc, char** argv)
{
    driver = "/dev/binder";
    bs = binder_open(driver, 128*1024);
     if (binder_become_context_manager(bs)) {}
     binder_loop(bs, svcmgr_handler);
}
```

服务管理进程的启动分为以下 3 步。

（1）binder_open：打开 Binder 设备，其名称为 /dev/binder。前文已经介绍过 binder_open 的具体内容，这里不再重复。

（2）binder_become_context_manager：变成上下文管理者。只有成为上下文管理者，其他进程才能直接向本进程发送请求。变成上下文管理者的过程如下。

```
/* frameworks/native/cmds/servicemanager/binder.c */
int binder_become_context_manager(struct binder_state *bs){
    return ioctl(bs->fd, BINDER_SET_CONTEXT_MGR, 0);
}
/* drivers/staging/android/binder.c */
static struct binder_node *binder_context_mgr_node;
static long binder_ioctl(struct file *filp, unsigned int cmd,
```

```
                                unsigned long arg){
        switch (cmd) {
        case BINDER_SET_CONTEXT_MGR:
                ret = binder_ioctl_set_ctx_mgr(filp);
        }
    }
    static int binder_ioctl_set_ctx_mgr(struct file *filp)
    {
        struct binder_proc *proc = filp->private_data;
        binder_context_mgr_node = binder_new_node(proc, 0, 0);
    }
    static struct binder_node *binder_new_node(struct binder_proc *proc,
                                    binder_uintptr_t ptr,
                                    binder_uintptr_t cookie)
    {
        struct binder_node *node;
        node = kzalloc(sizeof(*node), GFP_KERNEL);
        node->proc = proc;
        return node;
    }
```

　　服务管理进程通过 ioctl 向驱动发送命令 BINDER_SET_CONTEXT_MGR，在驱动层对应的处理函数为 binder_ioctl_set_ctx_mgr，该函数通过 binder_new_node 创建 binder_node 对象，并保存到全局变量 binder_context_mgr_node 中。

　　一个进程要向服务管理进程发送请求，可以先找到全局变量 binder_context_mgr_node，而该变量的成员 proc 是一个 binder_proc 对象，得到 binder_proc 对象即可认为找到了服务管理进程。

　　（3）binder_loop：进入循环，接收和处理请求，流程如下。

```
/* frameworks/native/cmds/servicemanager/binder.c */
void binder_loop(struct binder_state *bs, binder_handler func){
    for (;;) {
        res = ioctl(bs->fd, BINDER_WRITE_READ, &bwr);
        res = binder_parse(bs, 0, (uintptr_t) readbuf,
                        bwr.read_consumed, func);
    }
}
```

　　服务管理进程在 binder_loop 会进入 for 循环，只要不出现异常，该函数不返回，服务管理进程就可以一直运行。循环中的主要工作包括接收请求和处理请求两部分，下面分别介绍。

①接收请求：通过 ioctl 向驱动发命令 BINDER_WRITE_READ 接收请求，驱动层处理该命令的流程如下。

```
/* drivers/staging/android/binder.c */
static long binder_ioctl(struct file *filp, unsigned int cmd,
                         unsigned long arg)
{
    thread = binder_get_thread(proc);
    switch (cmd) {
    case BINDER_WRITE_READ:
        ret = binder_ioctl_write_read(filp, cmd, arg, thread);
    }
}
static int binder_ioctl_write_read(struct file *filp,
                         unsigned int cmd, unsigned long arg,
                         struct binder_thread *thread)
{
    if (copy_from_user(&bwr, ubuf, sizeof(bwr))) {}
    if (bwr.write_size > 0) {
        ret = binder_thread_write(proc, thread,
                            bwr.write_buffer,
                            bwr.write_size,
                            &bwr.write_consumed);
    }
    if (bwr.read_size > 0) {
        ret = binder_thread_read(proc, thread, bwr.read_buffer,
                            bwr.read_size,
                            &bwr.read_consumed,
                            filp->f_flags & O_NONBLOCK);
    }
    if (copy_to_user(ubuf, &bwr, sizeof(bwr))) {}
}
```

命令 BINDER_WRITE_READ 对应的处理函数为 binder_ioctl_write_read，该函数主要处理读 / 写操作，分为以下 4 步。

● copy_from_user：把参数 bwr 从用户空间复制到内核空间。从该参数可以知道读写缓冲的信息。

● binder_thread_read：读操作，通过这一步可接收来自其他进程的请求。

● binder_thread_write：写操作，通过这一步可向其他进程发送请求。

● copy_to_user：把 bwr 从内核空间复制到用户空间，通过这一步用户空间才能收到请求。

服务管理进程刚开始没有要发送的请求，只需要接收请求，接收请求由读操作完成，读操作的流程如下。

```
/* drivers/staging/android/binder.c */
static int binder_thread_read(struct binder_proc *proc,
                       struct binder_thread *thread,
                       binder_uintptr_t binder_buffer, size_t size,
                       binder_size_t *consumed, int non_block)
{
        wait_for_proc_work = thread->transaction_stack == NULL &&
                       list_empty(&thread->todo);

        if (wait_for_proc_work) {
                if (non_block) {
                        if (!binder_has_proc_work(proc, thread))
                                ret = -EAGAIN;
                } else
                        ret = wait_event_freezable_exclusive(proc->wait,
                                binder_has_proc_work(proc, thread));
        } else {
                if (non_block) {
                        if (!binder_has_thread_work(thread))
                                ret = -EAGAIN;
                } else
                        ret = wait_event_freezable(thread->wait,
                                binder_has_thread_work(thread));
        }
}
```

读操作开始时先检查当前线程的 transaction_stack 和 todo 列表是否为空，transaction_stack 为空表示当前线程没有向其他目标发送请求，todo 列表为空表示当前线程没有待处理的请求。

如果 transaction_stack 和 todo 列表都为空，使用 binder_has_proc_work 检查当前进程是否有待处理的请求。non_block 表示是否阻塞等待，不等待并且当前进程没有待处理的请求则返回，否则调用 wait_event_freezable_exclusive 进入阻塞等待状态直到当前进程有请求到来。

如果 transaction_stack 不为空表示已经发送请求，此时线程进入阻塞等待状态，等待目标返回结果后再往下执行。

由此可见，在没有任何进程向服务管理进程发送请求的情况下，服务管理进程在读操作阶段会进入阻塞等待状态，直到有请求到来才会往下执行。

②处理请求：假设服务管理进程已经收到请求，会把请求交给 binder_parse 处理，流程如下。

```
/*frameworks/native/cmds/servicemanager/binder.c*/
int binder_parse(struct binder_state *bs, struct binder_io *bio,
                    uintptr_t ptr, size_t size, binder_handler func){
    res = func(bs, txn, &msg, &reply);
    binder_send_reply(bs, &reply, txn->data.ptr.buffer, res);
}
```

在 binder_parse 中，由处理函数对请求进行处理，处理完后返回结果。这里主要关注处理请求的流程，处理函数为 svcmgr_handler，具体如下。

```
/*frameworks/native/cmds/servicemanager/service_manager.c*/
int svcmgr_handler(struct binder_state *bs,
                    struct binder_transaction_data *txn,
                    struct binder_io *msg,
                    struct binder_io *reply)
{
    switch(txn->code) {
    case SVC_MGR_GET_SERVICE:
    case SVC_MGR_CHECK_SERVICE:
        s = bio_get_string16(msg, &len);
        handle = do_find_service(s, len, txn->sender_euid, txn->sender_pid);
        bio_put_ref(reply, handle);
        return 0;
    case SVC_MGR_ADD_SERVICE:
        s = bio_get_string16(msg, &len);
        handle = bio_get_ref(msg);
        if (do_add_service(bs, s, len, handle, txn->sender_euid,
            allow_isolated, dumpsys_priority,  txn->sender_pid))
            return -1;
        break;
    }
}
```

服务管理进程主要处理以下两类请求。

● 添加服务：针对服务进程，从请求中解析出服务的名称和句柄（handle），通过 do_add_service 将两者保存到 svclist 中。

● 查询服务：针对客户进程，从请求中解析出服务的名称，通过 do_find_service 从 svclist 找到对应句柄后，通过 bio_put_ref 把句柄保存到 reply 返回给客户进程。

由此可见，服务管理进程主要提供添加服务和查询服务的功能。服务进程先添加服务，客户进程才能查询到服务。

2.2.5　服务进程

1. 添加服务

服务管理进程启动后，服务进程即可添加服务，流程如下。

```
int main() {
    sp < IServiceManager > sm = defaultServiceManager();
    sm->addService(String16("testservice"), new BnDemoService());
}
```

其中，defaultServiceManager 函数经过简化后的等效实现如下。

```
sp<IServiceManager> defaultServiceManager(){
    IBinder obj = new BpBinder(0, trackedUid);
    gDefaultServiceManager = new BpServiceManager(obj)
    return gDefaultServiceManager;
}
```

由此可见，defaultServiceManager 返回的是 BpServiceManager 对象，该对象提供服务管理相关的接口 addService 和 getService。BpServiceManager 对象中有一个 BpBinder 对象，这是一个代理（proxy）对象，它的功能是把请求发给远程目标。代理对象通过句柄确定目标，BpBinder 构造函数的第 1 个参数就是句柄，0 表示以服务管理进程作为目标进程。

得到 BpServiceManager 对象后，调用其方法 addService 添加服务，流程如下。

```
/* frameworks/native/libs/binder/IServiceManager.cpp */
class BpServiceManager : public BpInterface<IServiceManager>{
    virtual status_t addService(const String16& name,
                                const sp<IBinder>& service,
                                bool allowIsolated, int dumpsysPriority) {
        Parcel data, reply;
        data.writeString16(name);
        data.writeStrongBinder(service);
        status_t err = remote()->transact(ADD_SERVICE_TRANSACTION,
                                          data, &reply);
    }
}
```

添加服务时，先把 name 和 service 序列化到 Parcel 结构的 data 中，接着调用代理对象的 transact 往下传递。这里 remote 返回的是 BpBinder 对象，代码如下。

```
/* frameworks/native/libs/binder/BpBinder.cpp */
status_t BpBinder::transact(
    uint32_t code, const Parcel& data, Parcel* reply, uint32_t flags)
{
    status_t status = IPCThreadState::self()->transact(
            mHandle, code, data, reply, flags);
}
```

BpBinder 的 transact 直接调用 IPCThreadState 的 transact 进行下一步处理，mHandle 是句柄，值为 0，代码如下。

```
/*frameworks/native/libs/binder/IPCThreadState.cpp*/
status_t IPCThreadState::transact(int32_t handle,
                                uint32_t code, const Parcel& data,
                                Parcel* reply, uint32_t flags)
{
    err = writeTransactionData(BC_TRANSACTION, flags, handle, code, data,
                        NULL);
    err = waitForResponse(reply);
}
status_t IPCThreadState::writeTransactionData(int32_t cmd,
    uint32_t binderFlags,
    int32_t handle, uint32_t code, const Parcel& data,
    status_t* statusBuffer)
{
    binder_transaction_data tr;
    tr.target.handle = handle;
    tr.data_size = data.ipcDataSize();
    tr.data.ptr.buffer = data.ipcData();
    mOut.writeInt32(cmd);
    mOut.write(&tr, sizeof(tr));
}
status_t IPCThreadState::waitForResponse(Parcel *reply,
                                status_t *acquireResult)
{
    if ((err=talkWithDriver()) < NO_ERROR) break;
}
status_t IPCThreadState::talkWithDriver(bool doReceive)
{
```

```
binder_write_read bwr;
bwr.write_buffer = (uintptr_t)mOut.data();
if (ioctl(mProcess->mDriverFD, BINDER_WRITE_READ, &bwr) >= 0)
}
```

　　IPCThreadState 主要负责发送和接收事务，请求和回应统称事务。发送请求时，先把要发送的内容保存到 binder_transaction_data 对象中，然后向驱动发送 BINDER_WRITE_READ 命令。我们在 2.2.4 节中已经遇到过该命令，不过只介绍读操作，而发送请求属于写操作，流程如下。

```
/* drivers/staging/android/binder.c */
static long binder_ioctl(struct file *filp, unsigned int cmd,
                         unsigned long arg)
{
      switch (cmd) {
      case BINDER_WRITE_READ:
          ret = binder_ioctl_write_read(filp, cmd, arg, thread);
    }
}
static int binder_ioctl_write_read(struct file *filp,
                        unsigned int cmd, unsigned long arg,
                        struct binder_thread *thread)
{
      if (bwr.write_size > 0) {
            ret = binder_thread_write(proc, thread,
                          bwr.write_buffer,
                          bwr.write_size,
                          &bwr.write_consumed);
      }
}
static int binder_thread_write(struct binder_proc *proc,
                struct binder_thread *thread,
                binder_uintptr_t binder_buffer, size_t size,
                binder_size_t *consumed)
{
      switch (cmd) {
      case BC_TRANSACTION:
      case BC_REPLY: {
            binder_transaction(proc, thread, &tr,  cmd == BC_REPLY, 0);
      }
}
```

写操作由 binder_thread_write 处理。写操作可处理多种不同类型的命令，事务对应的命令类型为 BC_TRANSACTION，由 binder_transaction 处理。

2. 处理事务

binder_transaction 开始处理事务，这是实现跨进程传输最关键的地方，下面分 6 部分对其进行介绍。

1）确定目标

确定发送目标是事务请求的首要任务，binder_transaction 开始便确定目标，相关内容如下。

```
static void binder_transaction(struct binder_proc *proc,
            struct binder_thread *thread,
            struct binder_transaction_data *tr, int reply)
{
    if (reply) {
            target_thread = in_reply_to->from;
            target_proc = target_thread->proc;
    } else {
        if (tr->target.handle) {
                struct binder_ref *ref;
                ref = binder_get_ref(proc, tr->target.handle, true);
                target_node = ref->node;
        } else {
                target_node = binder_context_mgr_node;
        }
        target_proc = target_node->proc;
    }

    if (target_thread) {
        target_list = &target_thread->todo;
        target_wait = &target_thread->wait;
    } else {
        target_list = &target_proc->todo;
        target_wait = &target_proc->wait;
    }
    ...
}
```

需要根据以下两种情况来确定目标。

（1）事务为回应：reply 不等于 0 表示事务是一个回应，以原来发送请求的线程作为目标，根据目标线程可以找到目标进程。

（2）事务为请求：reply 等于 0 表示事务是一个请求，根据句柄是否为 0 分为以下两种情况。

①句柄不为 0：根据句柄找到对应的 binder_ref 索引对象，从索引对象可以得到 binder_node 对象。

②句柄为 0：直接以 binder_context_mgr_node 作为目标，这是一个全局的 binder_node 类型的变量。

找到了 binder_node，就可以确定目标进程。如果请求是针对特定的线程，就优先以线程作为目标。

服务进程添加服务是一个请求，句柄是 0，以 binder_context_mgr_node 作为目标，意味着请求是发给服务管理进程。

2）创建事务

确定目标后开始以事务的形式传递信息，接下来要创建事务对象，代码如下所示。

```
static void binder_transaction(struct binder_proc *proc,
        struct binder_thread *thread,
        struct binder_transaction_data *tr, int reply)
{
    ...
    t = kzalloc(sizeof(*t), GFP_KERNEL);
    if (!reply && !(tr->flags & TF_ONE_WAY))
        t->from = thread;
    t->to_proc = target_proc;
    t->to_thread = target_thread;
    t->buffer = binder_alloc_buf(target_proc, tr->data_size,
        tr->offsets_size, !reply && (t->flags & TF_ONE_WAY));
    if (copy_from_user(t->buffer->data, (const void __user *)(uintptr_t)
        tr->data.ptr.buffer, tr->data_size)) {     }
    ...
}
```

通过 kzalloc 得到事务对象，该对象记录了当前事务的重要信息：from 记录发送请求的线程；to_proc 记录目标进程；to_thread 记录目标线程。binder_alloc_buf 会从目标进程分配一段缓冲，通过 copy_from_user 把信息复制到该缓冲中，这次复制实现了信息从源进程传输到目标进程。Binder 跨进程通信过程中只有这一次对信息内容的复制，传输效率比较高。在 binder_ioctl_write_read 也有复制操作，不过它复制的是 binder_write_read 对象。

下面结合图 2.8 进一步理解复制过程。

图 2.8 展示的是服务进程中的 data 传递到服务管理进程的过程。服务进程向驱动发送

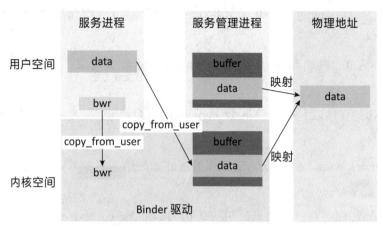

图 2.8 复制过程

命令 BINDER_WRITE_READ，在处理函数 binder_ioctl_write_read 中通过 copy_from_user
将 bwr 从用户空间复制到内核空间，有了 bwr 就能得到服务进程的 data 的地址。在内核
空间从服务管理进程的 buffer 中分配一段与 data 大小相等的缓冲，然后再通过 copy_
from_user 将服务进程的 data 复制到该缓冲中。下一步服务管理进程并没有将 data 从内核
空间复制到用户空间，而是做内存映射，将对应位置的内存映射到相同的物理内存，服务
管理进程在用户空间便可读取 data 的内容。

在复制过程中，涉及分配缓冲和映射内存，下面将继续介绍。

3）分配缓冲

在执行 mmap 操作时，进程在用户空间和内核空间都申请了大小相等的内存，内存用
于保存接收的信息。进程可能同时接收多个请求，并且会不断接收请求，因此需要对内存
进行管理，为每个请求分配合适大小的缓冲，传输完成后要及时释放。

下面介绍 binder_alloc_buf 分配缓冲的流程。

```
static struct binder_buffer *binder_alloc_buf(struct binder_proc *proc,
                                 size_t data_size,
                                 size_t offsets_size, int is_async)
{
    struct rb_node *n = proc->free_buffers.rb_node;
    while (n) {
        buffer = rb_entry(n, struct binder_buffer, rb_node);
        buffer_size = binder_buffer_size(proc, buffer);
        if (size < buffer_size) {
            best_fit = n;
            n = n->rb_left;
        } else if (size > buffer_size)
            n = n->rb_right;
```

```
        else {
                best_fit = n;
                break;
        }
    }
    if (best_fit == NULL) {
        return NULL;
    }
    if (n == NULL) {
        buffer = rb_entry(best_fit, struct binder_buffer, rb_node);
        buffer_size = binder_buffer_size(proc, buffer);
    }
    end_page_addr = (void *)PAGE_ALIGN((uintptr_t)buffer->data +
                                buffer_size);
    if (binder_update_page_range(proc, 1,
        (void *)PAGE_ALIGN((uintptr_t)buffer->data), end_page_addr,
        NULL))

    rb_erase(best_fit, &proc->free_buffers);
    buffer->free = 0;
    binder_insert_allocated_buffer(proc, buffer);
    if (buffer_size != size) {
        struct binder_buffer *new_buffer = (void *)buffer->data + size;
        list_add(&new_buffer->entry, &buffer->entry);
        new_buffer->free = 1;
        binder_insert_free_buffer(proc, new_buffer);
    }
    return buffer;
}
```

binder_buffer 表示缓冲，包含首地址和大小等信息。binder_proc 中的 free_buffers 和 allocated_buffers 用于缓冲管理，free_buffers 记录的是空闲的缓冲，allocated_buffers 记录的是已分配的缓冲，也就是非空闲的缓冲。

分配缓冲时，在满足大小要求的条件下尽可能找最小的空闲缓冲。找到合适的空闲缓冲后，开始映射内存，把原来的缓冲从 free_buffers 中移除，新的缓冲保存到 allocated_buffers。原来的缓冲未使用完的部分作为新的空闲缓冲保存到 free_buffers。

下面结合图 2.9 来说明第一次分配缓冲的过程。

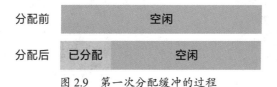

图 2.9　第一次分配缓冲的过程

在请求分配缓冲之前，free_buffers 只有一个空闲的缓冲，其大小等于 mmap 操作申请的内存大小。第一次分配缓冲时，由于只有一个空闲缓冲，从该缓冲的开始位置分割出一小部分得到已分配的缓冲，剩下的未使用的部分还是一个空闲的缓冲。

如果没有申请到缓冲，传输会失败，由此可见 Binder 进程间通信是有大小限制的，不能超过目标进程最大空闲缓冲的大小。分配缓冲时尽可能找最小的空闲缓冲，如果是找最大的空闲缓冲，可传输的最大值就会变小。

4）映射内存

分配缓冲和复制数据都是在内核空间进行的，用户空间无法访问内核空间的地址。为了使进程在用户空间能收到传过来的信息，一种方法是把信息从内核空间复制到用户空间，但是复制会影响效率，另一种方法是使用内存映射的方式，映射的流程如下。

```
static int binder_update_page_range(struct binder_proc *proc,
            int allocate,
                void *start, void *end, struct vm_area_struct *vma){
    for (page_addr = start; page_addr < end; page_addr += PAGE_SIZE) {
        *page = alloc_page(GFP_KERNEL | __GFP_HIGHMEM | __GFP_ZERO);
        ret = map_kernel_range_noflush((unsigned long)page_addr,
                        PAGE_SIZE, PAGE_KERNEL, page);
        user_page_addr =(uintptr_t)page_addr +
                        proc->user_buffer_offset;
        ret = vm_insert_page(vma, user_page_addr, page[0]);
    }
}
```

上面循环中，alloc_page 分配一页大小的物理内存，map_kernel_range_noflush 将内核空间的虚拟内存映射到物理内存，vm_insert_page 将用户空间的虚拟内存映射到物理内存。映射的结果参考图 2.10。

图中分配了两个页大小的物理内存，内核空间和用户空间相同偏移的内存映射到了同一个物理内存。映射完成后，在内核空间的虚拟内存保存完信息，通过偏移可以计算出用户空间对应的内存地址，应用进程可直接读取信息。

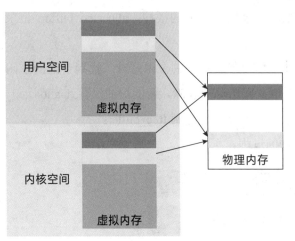

图 2.10　内存映射

5）特殊类型处理

信息复制到缓冲后，还要解析缓冲中的内容进行特殊类型的处理，在这里特殊类型使用 flat_binder_object 结构进行存储。添加服务时，服务对象是一个特殊类型，类型为 BINDER_TYPE_BINDER，需要做如下处理。

```
static void binder_transaction(...)
{
        for (; offp < off_end; offp++) {
                struct flat_binder_object *fp;
                  switch (fp->type) {
                        case BINDER_TYPE_BINDER:
                        case BINDER_TYPE_WEAK_BINDER: {
                                node = binder_new_node(proc, fp->binder, fp->cookie);
                                ref = binder_get_ref_for_node(target_proc, node);
                                if (fp->type == BINDER_TYPE_BINDER)
                                        fp->type = BINDER_TYPE_HANDLE;
                                else
                                        fp->type = BINDER_TYPE_WEAK_HANDLE;
                                fp->handle = ref->desc;
                        } break;
                }
        }
}
```

针对 BINDER_TYPE_BINDER 类型的数据，通过 binder_new_node 创建 binder_node 对象。binder_node 用于记录服务对象的相关信息，如对象的地址及其所在的进程。为了在目标进程中可以找到 binder_node 对象，binder_get_ref_for_node 在目标进程创建 binder_ref 对象，最后把 binder_ref 的句柄保存到 flat_binder_object 以便服务管理进程可以处理。

6）唤醒目标

事务准备好以后，需要通知目标进程处理事务，代码如下：

```
static void binder_transaction(struct binder_proc *proc,
                struct binder_thread *thread,
                struct binder_transaction_data *tr, int reply)
{
    ...
    list_add_tail(&t->work.entry, target_list);
    if (target_wait)
            wake_up_interruptible(target_wait);
}
```

list_add_tail 将事务添加到目标的待处理列表后，通过 wake_up_interruptiable 唤醒目标，目标进程才可以继续处理读操作。

3. 读操作

2.2.4 节介绍服务管理进程时，在读操作进入阻塞等待的状态。服务进程添加服务请求时会把服务管理进程唤醒，下面继续介绍读操作处理请求的内容。

```
static int binder_thread_read(struct binder_proc *proc,
                        struct binder_thread *thread,
                        binder_uintptr_t binder_buffer, size_t size,
                        binder_size_t *consumed, int non_block)
{
    ret = wait_event_freezable_exclusive(proc->wait,
    binder_has_proc_work(proc, thread));
    while (1) {
        if (!list_empty(&thread->todo)) {
            w = list_first_entry(&thread->todo, struct binder_work, entry);
        } else if (!list_empty(&proc->todo) && wait_for_proc_work) {
            w = list_first_entry(&proc->todo, struct binder_work, entry);
        }
        switch (w->type) {
            case BINDER_WORK_TRANSACTION: {
                t = container_of(w, struct binder_transaction, work);
            } break;
        }
        tr.data.ptr.buffer = (binder_uintptr_t)((uintptr_t)t->buffer->data +
            proc->user_buffer_offset);

        if (copy_to_user(ptr, &tr, sizeof(tr))){}
    }
}
```

线程被唤醒时会优先检查当前线程是否有待处理的请求，如果没有，再检查整个进程的待处理列表。待处理列表中保存的是 binder_work 对象，如果是事务类型的请求，则从 binder_work 提取出 binder_transaction 对象，binder_transaction 对象中缓冲的地址加上偏移可得到用户空间相应的内存地址，地址以 binder_transaction_data 的结构返回。读操作完成后服务管理进程在用户空间处理请求，相关内容可参考 2.2.4 节。

上面以添加服务为例，详细介绍了服务进程发送请求、服务管理进程接收请求的过程，信息从服务进程跨进程传输到了服务管理进程。

4. 返回结果

服务管理进程收到添加服务的请求后，把服务名称和句柄保存到 svclist，然后向服务进程返回处理结果。返回结果与发送请求在流程上是一样的，只在确定目标时有区别。具体代码如下所示。

```
static void binder_transaction(...)
{
    if (reply) {
        in_reply_to = thread->transaction_stack;
        target_thread = in_reply_to->from;
        target_proc = target_thread->proc;
    }

    if (target_thread) {
        target_list = &target_thread->todo;
        target_wait = &target_thread->wait;
    }
}
```

返回结果时，reply 不为 0，in_reply_to->from 表示原来发送请求的线程，这里直接以它作为目标线程。服务进程的主线程在写操作发送添加服务的请求，在读操作进入等待状态，服务管理进程处理完成后把结果返回给服务进程的主线程处理。

5. 接收请求

服务进程添加服务后，接下来的主要任务是接收请求，也就是把收到的请求交给服务对象处理。若要接收请求，则需要提前执行读操作进入阻塞等待状态。示例中最后两步是为了接收并处理请求，具体如下。

```
int main() {
    ...
    ProcessState::self()->startThreadPool();
    IPCThreadState::self()->joinThreadPool();
}
```

startThreadPool 会创建新线程并加入线程池，joinThreadPool 将主线程加入线程池，最后都会在 joinThreadPool 进入循环，代码如下。

```
void IPCThreadState::joinThreadPool(bool isMain)
{
    do {
        result = getAndExecuteCommand();
        if(result == TIMED_OUT && !isMain) {
            break;
        }
    } while (result != -ECONNREFUSED && result != -EBADF);
```

```
}
status_t IPCThreadState::getAndExecuteCommand()
{
    result = talkWithDriver();
    result = executeCommand(cmd);
}
```

joinThreadPool 中有一个 do-while 循环不断调用 getAndExecuteCommand 获取和执行命令。获取命令由 talkWithDriver 执行，执行命令由 executeCommand 执行。获取命令也就是接收请求，与服务管理进程接收请求的流程一样，这里不再重复介绍。执行命令也就是处理请求，下面进行介绍。

6. 处理请求

服务进程执行命令（处理请求）的流程如下所示。

```
status_t IPCThreadState::executeCommand(int32_t cmd)
{
    switch ((uint32_t)cmd) {
    case BR_TRANSACTION: {
            binder_transaction_data tr;
            result = mIn.read(&tr, sizeof(tr));
            error = reinterpret_cast<BBinder*>(tr.cookie)->transact(tr.code,
                            buffer,&reply, tr.flags);
            if ((tr.flags & TF_ONE_WAY) == 0) {
                sendReply(reply, 0);
            }
        }
        }
}
```

请求类型为 BR_TRANSACTION 表示事务，从读缓冲中提取出 binder_transaction_data，cookie 记录的是服务对象的地址，类型转为 BBinder 后便可以调用其方法 transact 处理。处理完成后，通过 sendReply 返回处理结果。

BBinder 处理请求的流程如下所示。

```
status_t BBinder::transact(
    uint32_t code, const Parcel& data, Parcel* reply, uint32_t flags)
{
    err = onTransact(code, data, reply, flags);
}
status_t BnDemoService::onTransact(uint_t code, const Parcel& data,
```

```
        Parcel* reply, uint32_t flags) {
    }
```

　　BnDemoService 是 BBinder 的子类，服务进程收到请求后获取到的是 BnDemoService 对象的地址，transact 直接调用 onTransact 处理，这里 BnDemoService 重写了该方法，因此会调用 BnDemoService 的 onTransact 处理，该方法是开发一个服务所要实现的内容，在这里根据 code 对不同的请求进行处理，data 是处理的参数，reply 保存处理的结果。

2.2.6　客户进程

1. 查询服务

客户进程需要先查询服务才能与服务进程通信，查询过程如下。

```
int main() {
    sp < IServiceManager > sm = defaultServiceManager();
    sp<IBinder> binder = sm->getService(String16("testservice"));
    ...
}
```

　　客户进程向服务管理进程查询服务，服务管理进程收到请求后查询以得到服务的句柄，下面主要介绍句柄是如何返回客户进程的。

```
·/*frameworks/native/cmds/servicemanager/Service_manager.c*/
int svcmgr_handler(...)
{
    switch(txn->code) {
    case SVC_MGR_GET_SERVICE:
    case SVC_MGR_CHECK_SERVICE:
        s = bio_get_string16(msg, &len);
        handle = do_find_service(s, len, txn->sender_euid, txn->sender_pid);
        bio_put_ref(reply, handle);
    }
}
/*frameworks/native/cmds/servicemanager/Binder.c*/
void bio_put_ref(struct binder_io *bio, uint32_t handle)
{
    struct flat_binder_object *obj;
    obj->hdr.type = BINDER_TYPE_HANDLE;
    obj->handle = handle;
}
```

Binder 句柄是一个特殊类型，类型为 BINDER_TYPE_HANDLE。在返回的过程中也要做特殊处理，具体如下。

```
static void binder_transaction(...)
{
        switch (fp->type) {
            case BINDER_TYPE_HANDLE:
            case BINDER_TYPE_WEAK_BINDER: {
                struct binder_ref *ref = binder_get_ref(proc, fp->handle,
                    fp->type == BINDER_TYPE_HANDLE);
                new_ref = binder_get_ref_for_node(target_proc, ref->node);
                fp->binder = 0;
                fp->handle = new_ref->desc;
            }
        }
}
```

服务管理进程根据句柄查询得到 binder_ref 对象，根据 binder_ref 对象可以找到 binder_node 对象。在客户进程也为 binder_node 对象创建 binder_ref 对象，最后客户进程的 binder_ref 对象的句柄返回客户进程，并且保存到 BpBinder 对象中。

2. 与服务进程交互

查询到服务后，客户进程开始向服务进程发送请求，代码如下。

```
int main() {
    sp < IServiceManager > sm = defaultServiceManager();
    sp<IBinder> binder = sm->getService(String16("testservice"));
    sp<IDemoService > cs = interface_cast<IDemoService >(binder);
    int result = cs->sendCommandHello("Hello world from Client");
}
```

客户进程查询得到 BpBinder 对象，转为 IDemoService 类型后调用接口 sendCommandHello 向服务进程发送请求。客户进程向服务进程发送请求的流程与服务进程向服务管理进程发送请求的流程基本一样，只在确定目标的处理流程上有些差异，代码如下所示。

```
static void binder_transaction(...)
{
        if (tr->target.handle) {
                struct binder_ref *ref;
                ref = binder_get_ref(proc, tr->target.handle, true);
```

```
                target_node = ref->node;
            }
            target_proc = target_node->proc;
        }
    }
```

句柄是从服务管理进程中查询回来的，因此不为 0。先通过句柄找到 binder_ref 对象，再由 binder_ref 对象找到 binder_node 对象。binder_node 对象记录了服务对象及所属进程，因此可以找到服务进程作为目标进程。服务进程收到请求后交给服务对象处理并返回结果，前文已经介绍过相关内容，这里不再重复。

2.2.7　示例回顾

示例的通信过程已介绍完毕，下面结合图 2.11 简单总结前面的内容。

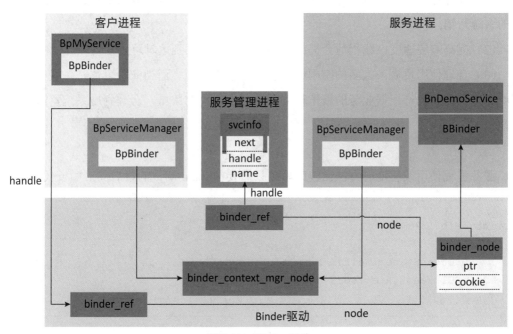

图 2.11　Binder 组件

服务管理进程启动时会变成上下文管理者，在驱动层创建一个全局的 binder_node 对象 binder_context_mgr_node，该对象记录了服务管理进程的信息，BpServiceManager 中 BpBinder 的句柄为 0，直接以 binder_context_mgr_node 作为目标，这就是一般进程可以直接与服务管理进程通信的原因。

服务进程有一个 BnDemoService 类型的服务对象，继承于 BBinder。为了使客户进程与服务进程通信，服务进程需要向服务管理进程添加服务，添加的过程中在驱动层创建 binder_node 对象记录服务对象的信息，同时在驱动层为服务管理进程创建 binder_ref 对象与该 binder_node 对象关联。最后服务的名称和 binder_ref 的 handle 保存在服务管理进程。

客户进程向服务管理进程查询是否有特定名称的服务，如果查询到服务，在返回结果的过程中，在驱动层为客户进程创建 binder_ref 对象，该对象同样与 binder_node 对象关联，binder_ref 的句柄最终会保存到 BpMyService 的 BpBinder 中。

客户进程查询服务后，客户进程的 BpMyService 与服务进程的 BnDemoService 建立了联系，客户进程就可以与服务进程通信了。

2.2.8 线程池

1. 优势

服务进程使用线程池接收和处理请求，线程池是管理多线程的一种方式，使用线程池有以下 3 点好处。

（1）提升系统性能：线程池可重复使用已经创建好的线程，降低了创建和销毁线程带来的系统开销。

（2）提高响应速度：线程池会提前准备好线程，任务到达时可立刻处理。

（3）合理使用资源：太多的空闲线程会浪费系统资源，而当业务繁忙时，线程太少会影响速度。线程池可根据业务的繁忙程度动态调整线程的数量，合理利用系统资源满足业务需求。

2. 使用方法

服务进程使用线程池的方法比较简单，只需要在 main 函数的最后加上如下代码。

```
int main() {
    ...
    ProcessState::self()->startThreadPool();
    IPCThreadState::self()->joinThreadPool();
}
```

经过以上两步，线程池中准备好两个线程接收请求。在读操作会根据情况决定是否创建新线程，代码如下所示。

```
static int binder_thread_read(...)
{
    if(proc->requested_threads + proc->ready_threads == 0 &&
        proc->requested_threads_started < proc->max_threads &&
        (thread->looper & (BINDER_LOOPER_STATE_REGISTERED |
        BINDER_LOOPER_STATE_ENTERED)) ) {
        proc->requested_threads++;
```

```
            if (put_user(BR_SPAWN_LOOPER, (uint32_t __user *)buffer))
                    return -EFAULT;
        }
    }
```

创建新线程需要满足以下 4 个条件。

（1）当前没有申请新线程：request_threads 表示当前正在请求创建线程的数量，request_threads 不为 0 说明当前有正在创建的线程，不满足创建新线程的条件。

（2）当前没有空闲线程：ready_threads 表示当前空闲线程的数量，空闲线程指处于阻塞等待状态的线程。ready_threads 不为 0 说明当前的业务不繁忙，没必要再创建新的线程。

（3）当前线程数量没有达到最大值：每个线程都会占用系统资源，不能无限制地创建线程，线程数量达到最大值后不再增加。

（4）当前线程处于循环：只有处于循环的线程才能创建新线程，只是发送请求的线程是不能创建新线程的。

满足条件后返回命令 BR_SPAWN_LOOPER，用户进程收到该命令后开始创建新线程，流程如下。

```
status_t IPCThreadState::executeCommand(int32_t cmd)
{
    switch ((uint32_t)cmd) {
    case BR_SPAWN_LOOPER:
        mProcess->spawnPooledThread(false);
        break;
    }
}
void ProcessState::spawnPooledThread(bool isMain)
{
        sp<Thread> t = new PoolThread(isMain);
        t->run(name.string());
}
class PoolThread : public Thread{
    virtual bool threadLoop()
    {
        IPCThreadState::self()->joinThreadPool(mIsMain);
    }
};
```

用户进程收到命令 BR_SPAWN_LOOPER 后，在 spawnPooledThread 创建 PoolThread 对象，PoolThread 执行 run 方法创建新线程，执行 joinThreadPool 加入到线程池后，新线程

也可以接收并处理请求了。

2.2.9　Java Binder

Binder 是基于 C/C++ 实现的。很多应用使用 Java 开发，应用进程之间也涉及进程间通信，因此需要为 Java 层提供相应的 Binder 类。C++ 层最关键的两个类是 BpBinder 和 BBinder，Java 层对应的类分别是 BinderProxy 和 Binder。图 2.12 展示了 Java Binder 的通信模型。

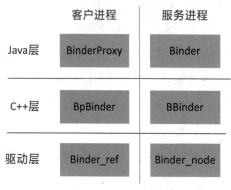

图 2.12　Java Binder 的通信模型

Java Binder 是基于 C++ Binder 实现的。客户进程通过 BinderProxy 发送请求，请求交由 C++ 层的 BpBinder 发到驱动。服务进程的 JavaBBinder 是一个 BBinder 对象，该对象收到请求后交给 Java 层的 Binder 对象处理。下面从发送请求和接收请求两方面介绍 Java 层与 C++ 层的交互过程。

1. 发送请求

BinderProxy 提供 transact 以发送请求，流程如下。

```
/* frameworks/base/core/java/android/os/Binder.java */
final class BinderProxy implements IBinder {
    public boolean transact(int code, Parcel data, Parcel reply, int flags)
                       throws RemoteException {
        return transactNative(code, data, reply, flags);
    }
    public native boolean transactNative(int code, Parcel data, Parcel reply,
            int flags) throws RemoteException;
    private final long mNativeData;
}
/* frameworks/base/core/jni/android_util_Binder.cpp */
static jboolean android_os_BinderProxy_transact(JNIEnv* env, jobject obj,
        jint code, jobject dataObj, jobject replyObj, jint flags)
{
    IBinder* target = getBPNativeData(env, obj)->mObject.get();
    status_t err = target->transact(code, *data, reply, flags);
}
```

BinderProxy 的 mNativeData 保存的是 BpBinder 对象的地址，调用 transact 发送请求，接着由本地方法 transactNative 调用 C++ 层方法 android_os_BinderProxy_transact 处理。在 android_os_BinderProxy_transact 中，getBPNativeData 获取 BinderProxy 中的 mNativeData，得到 BpBinder 对象后，通过它的方法 transact 发送请求。

2. 接收请求

接收请求时，先在 C++ 层收到请求，然后再发给 Java 层的 Binder，接收流程如下。

```
/* frameworks/base/core/jni/android_util_Binder.cpp */
class JavaBBinder : public BBinder
{
    virtual status_t onTransact(
        uint32_t code, const Parcel& data, Parcel* reply, uint32_t flags = 0)
    {
        JNIEnv* env = javavm_to_jnienv(mVM);
        jboolean res = env->CallBooleanMethod(mObject,
            gBinderOffsets. mExecTransact,
            code, reinterpret_cast<jlong>(&data),
            reinterpret_cast<jlong>(reply), flags);
    }
    jobject const   mObject;  // GlobalRef to Java Binder
};
/* frameworks/base/core/java/android/os/Binder.java */
public class Binder implements IBinder {
    protected boolean onTransact(int code, @NonNull Parcel data,
            @Nullable Parcel reply,
            int flags) throws RemoteException {
    }
}
```

JavaBBinder 是一个 BBinder 对象，其成员 mObject 维护的是 Java 层的 Binder 对象，在 onTransact 收到请求后，通过 CallBooleanMethod 调用 Java 层 Binder 对象的方法 onTransact 进行处理。

2.2.10　文件描述符

文件描述符是一种比较常见的类型。打开一个文件或者创建套接字，返回的都是文件描述符。在 2.3 节和 2.4 节中，涉及文件描述符的跨进程传输。使用 Binder 传输文件描述符，在事务处理阶段也做了特殊处理，代码如下所示。

```
static void binder_transaction(struct binder_proc *proc,
                    struct binder_thread *thread,
            struct binder_transaction_data *tr,int reply)
{
        fp = (struct flat_binder_object *)(t->buffer->data + *offp);
        switch (fp->type) {
```

```
case BINDER_TYPE_FD: {
    int target_fd;
    struct file *file;
    file = fget(fp->handle);
    target_fd = task_get_unused_fd_flags(target_proc, O_CLOEXEC);
    task_fd_install(target_proc, target_fd, file);
    fp->handle = target_fd;
}
}
```

文件描述符对应类型为 BINDER_TYPE_FD，如果传输内容中有文件描述符，就先取出句柄，再根据句柄找到 file 对象。task_get_unused_fd_flags 在目标进程分配一个句柄，task_fd_install 将 file 对象与目标进程的句柄关联。文件描述符和文件句柄是相同的含义。文件描述符是 file 对象的索引，同一个 file 对象在不同进程的索引值大小可能不同。

2.2.11　通信模式

通信模式是使用 Binder 进行通信的方式，下面介绍 3 种常见的方式。

1. 查询模式

查询模式使用查询的方式建立连接，是最常见的通信模式，如图 2.13 所示。

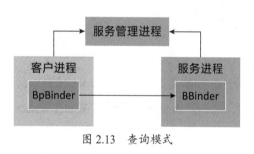

图 2.13　查询模式

在查询模式中，服务进程需要将 BBinder 作为一个服务对象添加到服务管理进程，客户进程通过名称查询得到 BpBinder 对象。BpBinder 是 BBinder 的代理对象，调用 BpBinder 的方法，BBinder 的相应方法会被调用。客户进程通过 BpBinder 与服务进程建立了通信连接。

2. 回调模式

Binder 通信是单向的，只能是客户进程向服务进程发送请求，服务进程无法主动向客户进程发送请求。进程之间要实现双向通信，需要每个进程同时扮演客户进程和服务进程的角色。使用回调模式可以实现双向通信，如图 2.14 所示。

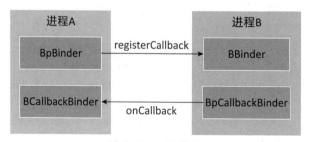

图 2.14　回调模式

在回调模式中，进程 B 将 BBinder 对象添加到服务管理进程后，进程 A 通过查询得到 BpBinder，进程 A 通过 BpBinder 可以向进程 B 发送请求。相对 BBinder 而言，进程 B 是服务进程，进程 A 是客户进程。

进程 A 创建 BCallbackBinder 对象并通过 BpBinder 的接口 registerCallback 传给进程 B，进程 B 得到的是 BpCallbackBinder 对象，进程 B 通过该对象可向进程 A 发送请求。相对 BCallbackBinder 而言，进程 B 是客户进程，进程 A 是服务进程。

3. 客户模式

客户模式主要针对多个客户进程与同一个服务进程交互的情况。图 2.15 展示的是客户模式。

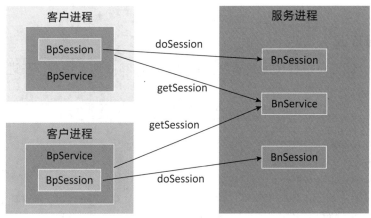

图 2.15　客户模式

图中有两个客户进程和一个服务进程，客户进程向服务管理进程查询得到 BpService 对象，通过 BpService 的接口 getSession 请求服务进程创建 BnSession，返回 BpSession 对象，客户进程再通过 BpSession 与服务进程交互。

在客户模式中，服务进程有多个服务对象，其中 BnService 提供公共的服务，而 BnSession 只针对某一会话提供服务。

2.2.12　使用场合

Binder 通信对传输的数据只有一次复制，效率相对较高，大部分的业务请求都可以通过 Binder 通信完成。同时支持多对一的通信，多个客户进程可以同时向同一个服务对象发送请求。

Binder 不支持双向发送请求，需要双向发送请求可使用回调模式实现。由于缓冲大小有限制，因此不适合传输大数据。

2.3 共享内存

2.3.1 简介

共享内存指允许两个及以上进程访问同一段物理内存。其中一个进程修改了内存中的内容后，其他进程从内存中读取的是修改的内容，从而实现了信息的跨进程传输。

在保护模式中，进程访问的是虚拟内存，当要存储数据时，虚拟内存才映射到物理内存，在物理内存中存储数据。正常情况下，操作系统不会将两个不同进程的虚拟地址映射到同一个物理地址，因此要实现共享内存，关键是如何使不同的进程的虚拟内存能映射到同一段物理内存。

2.3.2 实现方法

下面示例介绍两个进程使用共享内存通信。有 A 和 B 两个进程，在进程 A 先申请一段内存，代码如下。

```
#define SHAREDMEM_DEVICE  "/sdcard/sharedmem"
#define MEMORY_SIZE 100
int allocateSharedMemory() {
    int fd = open(SHAREDMEM_DEVICE, O_RDWR | O_CREAT, S_IREAD | S_IWRITE);
    ftruncate(fd, MEMORY_SIZE);
    void* addr = mmap(NULL, MEMORY_SIZE, PROT_READ | PROT_WRITE, MAP_SHARED,
                fd, 0);
    strcpy((char *)addr,"123456789");
    return fd;
}
```

进程 A 申请内存的过程主要有以下 3 步。

（1）打开文件：通过 open 打开文件，成功后返回文件描述符。

（2）改变文件大小：通过 ftruncate 可改变文件大小。

（3）内存映射：通过 mmap 对文件进行内存映射，映射成功会分配一段与文件大小相等的内存，返回内存地址后，可以像访问普通内存一样访问文件。

进程 A 申请内存后可以把文件描述符通过 Binder 的方式传到进程 B，进程 B 收到文件描述符后，只需执行 mmap 操作，代码如下所示。

```
void getDataFromSharedMemory( int fd) {
    void* addr = mmap(NULL, MEMORY_SIZE, PROT_READ | PROT_WRITE,
```

```
                        MAP_SHARED, fd, 0);
    printf("%s", addr);
}
```

进程 B 收到的文件描述符与进程 A 的文件描述符指向同一个 file 对象，由于一个 file 对象只对应一段物理内存，因此进程 B 与进程 A 访问的是同一段物理内存，然后便可通过共享内存通信。

2.3.3 使用场合

如果内容比较大，那么可以使用共享内存的方式传输，共享内存不仅传输效率高，还节省内存空间。但是共享内存缺少事务通知，源进程改变共享内存的内容，目标进程是不知道的，源进程需要通过其他方式通知目标进程处理内存中的内容。

▶ 2.4 套接字

2.4.1 简介

套接字（socket）是对网络中不同主机上的应用进程之间进行通信的端点的抽象，一个套接字代表进程通信的一端，为应用进程提供了利用网络协议交换数据的机制。

套接字一般用于网络中两个不同主机的应用进程之间的通信，通过 IP 地址和端口号建立连接后，应用进程之间可通过套接字传输数据。套接字同样适用于同一个主机不同进程之间的通信，同一个主机交换数据无须经过网络，也无须通过 IP 地址和端口号建立连接，系统提供 socketpair 用于创建一对具有通信连接的套接字。使用方法如下。

```
void prepareSocket() {
    int sockets[2];
    if (socketpair(AF_UNIX, SOCK_SEQPACKET, 0, sockets)) {
    }
}
```

成功调用 socketpair 后，会返回两个套接字的文件描述符，文件描述符可执行读操作和写操作。对其中一个文件描述符执行写操作发送数据，另一个文件描述符会收到数据，执行读操作可把数据读取出来，反过来也是可以实现的，因此套接字可以双向传输数据。

下面结合图 2.16 介绍如何使用套接字实现跨进程通信。

进程 A 通过 socketpair 创建了一对套接字，文件描述符分别为 FD0 和 FD1，通过

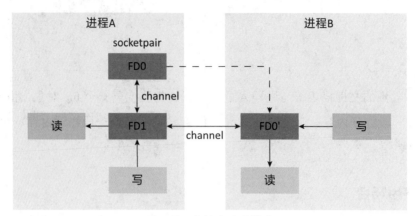

图 2.16   套接字通信模型

Binder 方式把 FD0 传给进程 B，进程 B 收到的文件描述符为 FD0'，FD1 和 FD0' 同样是一对具有连接的套接字。进程 A 向 FD1 写入数据，进程 B 可检测到 FD0' 有数据，执行读操作可把数据读取出来，从而实现了进程 A 向进程 B 传输数据，反过来进程 B 也可向进程 A 传输数据。

2.4.2   使用场合

套接字适用于点对点的通信。如果进程 A 只跟进程 B 通信，那么可考虑使用套接字。如果进程 A 通过套接字与进程 B 和进程 C 通信，则需要创建两条套接字连接，进程 B 和进程 C 不能共用一个套接字。

套接字通信是双向的，通信的两端建立连接后可互相向对方发送数据。在接收端可使用 epoll 检测是否有数据到来，监听是阻塞操作，需要在独立线程执行。检测到有数据到来后可通过读操作把数据读取出来。

共享内存和套接字的示例可以参考附录 B。

2.5   本章小结

本章主要介绍进程间通信的相关内容，重点介绍 Binder 的通信流程，简单介绍了共享内存及套接字的原理及使用方法。后面的章节都会涉及进程间通信，掌握这 3 种进程间通信的方法有助于更好地理解后面的内容。

第3章　图形硬件

在图形显示系统中，图形模块要申请到图形缓冲才能保存图形数据，图形缓冲属于图形硬件。图形数据最终会在显示设备中呈现，显示设备也属于图形硬件。本章先介绍硬件抽象层、硬件抽象层接口定义语言，在了解访问硬件的方法后，再介绍申请图形缓冲、显示图形的方法。

3.1　硬件抽象层

硬件抽象层（Hardware Abstraction Layer，HAL）位于操作系统内核与用户程序之间的接口层，运行在用户空间，应用程序通过硬件抽象层与硬件交互。

3.1.1　作用

硬件抽象层对硬件进行抽象，隐藏了特定平台的实现细节，Android 系统的硬件抽象层主要有以下两个作用。

（1）方便操作硬件：硬件抽象层实现了与底层硬件驱动交互的功能，为应用程序提供统一的接口，应用程序的软件开发者无须了解硬件驱动的内容，只需调用相关的接口便可操作硬件。

（2）保护硬件厂商利益：Android 是基于 Linux 内核的操作系统，而 Linux 是开源的系统，硬件驱动作为 Linux 的一部分也需要开源，而硬件驱动开源会损害硬件厂商的利益。把驱动的部分关键源码移到硬件抽象层，将不受开源协议限制，因为硬件抽象层的模块可以以库文件的方式对外发布，无须公开源代码，从而保护了硬件厂家的利益。

3.1.2　接口定义

硬件抽象层的接口在 hardware.h 中定义，如下所示。

```
/* hardware/libhardware/include/hardware/hardware.h */
typedef struct hw_module_t {
    const char *id;
    struct hw_module_methods_t* methods;
} hw_module_t;
typedef struct hw_module_methods_t {
    int (*open)(const struct hw_module_t* module, const char* id,
            struct hw_device_t** device);
} hw_module_methods_t;
typedef struct hw_device_t {
    struct hw_module_t* module;
} hw_device_t;

#define HAL_MODULE_INFO_SYM          HMI
#define HAL_MODULE_INFO_SYM_AS_STR   "HMI"
int hw_get_module(const char *id, const struct hw_module_t **module);
```

hardware.h 定义了以下 3 个结构。

（1）hw_module_t（模块）：模块表示一类硬件，不同的模块通过 id 区分。模块对象统一使用名称 HMI。

（2）hw_module_methods_t（模块方法）：模块方法主要定义 open 方法，模块对象通过该方法获取设备对象。

（3）hw_device_t（设备）：设备封装了与硬件驱动交互的实现细节，对外提供接口。

除了以上 3 个结构，接口文件还提供方法 hw_get_module 用于获取模块，第 1 个参数表示要获取模块的 id。获取模块时，先根据 id 在特定目录查找对应的库文件，找到以后打开库文件并加载符号 HMI 得到模块对象，从模块对象取出 id 与参数 id 比较，如果匹配则通过第 2 个参数返回模块对象。

获取到模块对象后，调用其方法 open 可获取设备对象，通过设备对象的接口就可以与硬件驱动交互。

3.1.3 使用示例

下面通过示例介绍硬件抽象层的开发方法，该示例实现了控制 LED（Light Emitting Diode，发光二极管）灯开关的功能，包含以下 3 部分内容。

1. 定义结构

LED 模块的相关结构定义如下所示。

```
struct led_hw_module_t {
    struct hw_module_t    common;
    int test;
};
struct led_hw_device_t {
    struct hw_device_t common;
    int (*open)(void);
    int (*control)(int on);
};
```

解析如下。

（1）led_hw_module_t 是基于 hw_module_t 扩展的模块结构，第一个成员类型为 hw_module_t，其名称为 common。test 是扩展的成员变量。

（2）led_hw_device_t 是基于 hw_device_t 扩展的设备结构，第一个成员类型为 hw_device_t，其名称为 common。open 和 control 是扩展的成员方法。

2. 实现功能

下面实现它的功能，代码如下。

```
int led_hal_dev_close(struct hw_device_t *device)
{
    if(device != NULL)
    {
        struct led_hw_device_t *temp = (struct led_hw_device_t *)device;
        free(temp);
    }
    close(fd);
    return 0;
}

int led_hal_open_dev(void)
{
    fd = open("/dev/test_hal", O_RDWR);
    return 0;
}

int led_hal_control_dev(int on)
{
    int ret;
    ret = write(fd, &on, 4);
    return 0;
```

```
    }

    int led_hal_module_open(const struct hw_module_t *module,
                        const char *id,struct hw_device_t **device)
    {
        struct led_hw_device_t *led_dev = NULL;

        led_dev = (struct led_hw_device_t *)malloc(sizeof(struct led_hw_device_t));

        led_dev->common.tag = HARDWARE_DEVICE_TAG;
        led_dev->common.version = 1;
        led_dev->common.module = module;
        led_dev->common.close = led_hal_dev_close;

        led_dev->open = led_hal_open_dev;
        led_dev->control = led_hal_control_dev;

        *device = (struct hw_device_t *)led_dev;
        return 0;
    }

    struct hw_module_methods_t led_hal_methods = {
        open : led_hal_module_open,
    };

    struct led_hw_module_t HAL_MODULE_INFO_SYM = {
        common : {
            tag : HARDWARE_MODULE_TAG,
            version_major : 1,
            version_minor : 0,
            id : LED_HAL_MODULE_ID,
            name : "led hal module",
            methods : &led_hal_methods,
        }
    };
```

解析如下。

（1）定义模块对象：定义类型为 led_hw_module_t 的模块对象，从 hardware.h 可知，HAL_MODULE_INFO_SYM 代表 HMI，由此可见模块对象名称为 HMI。对象中的 id 初始化为 LED_HAL_MODULE_ID，methods 初始化为 led_hal_methods 的地址。

（2）定义模块方法：定义类型为 hw_module_method_t、名称为 led_hal_methods 的方法对象，open 初始化为 led_hal_module_open。

（3）定义创建设备的方法：在 led_hal_module_open 创建 led_hw_device_t 设备对象并初始化其成员。open 初始化为 led_hal_open_dev，该方法用于打开驱动设备。control 初始化为 led_hal_control_dev，该方法用于控制 LED 开关。

3. 使用方法

应用程序通过 LED 模块的硬件抽象层可控制 LED 灯开关，示例代码如下。

```
struct led_hw_module_t *pModule = NULL;
struct led_hw_device_t *pDevice = NULL;
void open_led(JNIEnv *Env, jobject thiz)
{
    hw_get_module(LED_HAL_MODULE_ID, (const struct hw_module_t **)&pModule);
    pModule->common.methods->open(&pModule->common, NULL,
                                (struct hw_ device_t **)&pDevice);
    pDevice->open();
    pDevice->control(1);
}
```

应用程序控制 LED 开关的步骤有以下 4 步。

（1）获取模块：通过 hw_get_module 获取模块对象，第一个参数为 LED_HAL_MODULE_ID，表示获取的是 LED 模块，获取成功后模块对象保存到 pModule。

（2）获取设备：通过模块方法 open 获取设备对象，open 对应 led_hal_module_open，该方法会创建 led_hw_device_t 对象，获取成功后设备对象保存到 pDevice。

（3）打开设备：调用设备对象的方法 open 打开设备，open 指向 led_hal_open_dev。这一步通过 open 操作打开驱动设备。

（4）控制开关：调用设备对象的 control 控制设备开关，control 对应 led_hal_control_dev。这一步通过 write 操作向驱动发送命令。

可以看出，应用程序只需要调用硬件抽象层的接口便可控制 LED 灯的开关，无须关心 LED 驱动的具体实现，也不用关心硬件抽象层与驱动交互的细节，简化应用程序访问硬件的流程。

⫸ 3.2 硬件抽象层接口定义语言

3.2.1 背景

引入硬件抽象层后，应用程序可以很方便地与硬件驱动交互，Android 8.0 以前的版本都是直接通过硬件抽象层操作硬件。硬件抽象层由硬件供应商提供，由设备制造商集成到系统中。每次 Android 版本升级，设备制造商需要重新适配硬件抽象层的模块。图 3.1 展示的是 Treble 推出前的 Android 更新环境。

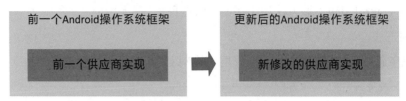

图 3.1　Treble 推出前的 Android 更新环境

Android 操作系统框架由 Google 提供，定期会发布新版本。供应商实现是指硬件抽象层，一般由设备制造商将它适配到 Android 操作系统框架。设备升级到新版的 Android 操作系统框架，需要重新修改供应商实现。设备制造商必须更新大量的 Android 源码才能升级到新版 Android 系统。

造成升级困难的主要原因是系统框架与硬件抽象层模块耦合在一起。为了让设备制造商以更低的成本更轻松、快速地将设备更新到新版 Android 系统，Google 推出了 Treble 项目，对 Android 操作系统框架与供应商实现进行解耦。设备制造商只需更新 Android 操作系统框架部分即可更新到新的 Android 版本，如图 3.2 所示。

图 3.2　Treble 推出后的 Android 更新环境

升级版本时，只需更新 Android 操作系统的框架部分，供应商实现部分可以不做改动，大大减少升级的工作量。

Android 操作系统框架与供应商实现在不同的进程运行，两者通过硬件抽象层接口定义语言（HAL Interface Definition Language，HIDL）接口进行通信。

3.2.2　使用方法

系统框架与硬件抽象层通过 HIDL 接口进行通信。下面通过一个简单的示例介绍 HIDL 的使用方法，包含以下 3 部分内容。

1. 定义接口文件

使用 HIDL 接口前需要先定义接口，这里定义一个名称为 Demo 的接口，代码如下。

```
/* hardware/interfaces/demo/1.0/IDemo.hal */
package android.hardware.demo@1.0;
```

```
interface IDemo {
    sayHello(string name) generates (string result);
};
```

在接口文件 IDemo.hal 中，接口类 IDemo 定义了接口 sayHello，通过该接口可向目标发送一个字符串，返回值也是一个字符串。

2. 实现服务进程

定义接口后，在 Android 系统源码编译环境中执行 hidl-gen 命令可生成相应的类文件 Demo.h 和 Demo.cpp，在 Demo.cpp 中需要实现接口，代码如下。

```
Return<void> Demo::sayHello(const hidl_string& name, sayHello_cb _hidl_cb) {
    char buf[100];
    ::memset(buf, 0x00, 100);
    ::snprintf(buf, 100, "Hello World, %s", name.c_str());
    hidl_string result(buf);
    _hidl_cb(result);
    return Void();
}
IDemo* HIDL_FETCH_IDemo(const char* /* name */) {
    return new Demo();
}
```

Demo 的实现过程解析如下。

（1）sayHello：实现 sayHello 接口，对接收到的字符串进行拼接得到新的字符串，将新的字符串作为返回值返回。

（2）HIDL_FETCH_IDemo：创建 Demo 对象。

Demo 对象是一个服务对象，服务进程收到请求后会交给该对象处理，服务进程的启动过程如下。

```
/*hardware/interfaces/demo/1.0/service/service.cpp */
int main() {
    return defaultPassthroughServiceImplementation<IDemo>();
}
```

在服务进程的入口函数 main 中，通过模板函数 defaultPassthroughServiceImplementation 启动服务，模板类型为 IDemo。服务进程启动后会自动调用 HIDL_FETCH_IDemo 得到 Demo 对象，并将它添加到服务管理进程，开启线程池后就能接收并处理客户进程的请求。

3. 实现客户进程

客户进程的代码实现如下所示。

```cpp
/*hardware/interfaces/demo/1.0/client/client.cpp */
int main()
{
    android::sp<IDemo> service = IDemo::getService();
    service->sayHello("HIDL !", [&](hidl_string result) {
                printf("get from server %s\n", result.c_str()); });
    return 0;
}
```

客户进程的实现比较简单，先通过 IDemo 的 getService 查询得到 IDemo 对象，接着调用该对象的 sayHello 向服务进程发送请求，最后打印返回结果。

3.2.3 进程间通信方式

HIDL 只是对接口进行封装，底层以 Binder 作为通信方式，通信原理与第 2 章介绍的 Binder 通信基本上一样。本章的 Binder 通过 HwBinder 表示，与 Binder 进行对比有以下 3 点不同。

（1）设备不同：HwBinder 对应的设备是 /dev/hwbinder，Binder 对应的设备是 /dev/binder。

（2）服务管理进程不同：HwBinder 对应的服务管理进程为 hwservicemanager，Binder 对应的服务管理进程为 servicemanager。

（3）查询服务的方式不同：HwBinder 的客户进程通过接口文件生成的方法 getService 查询服务对象，Binder 的客户进程直接向服务管理进程查询服务。

了解硬件抽象层的基本内容之后，下面开始介绍硬件抽象层中的图形组件。

3.3 Gralloc

3.3.1 简介

图形缓冲是一段用于保存图形数据的内存，通常是一段共享内存，可以被不同的进程访问。图形缓冲是图形显示系统的基础，图形内容从产生到最终显示出来，都离不开它。学习图形显示系统需要先了解图形缓冲的分配过程，在 Android 系统中，由 Gralloc 负责分配图形缓冲。

3.3.2 接口定义

Gralloc 在一个独立的进程运行，客户进程通过接口向它申请图形缓冲，接口定义如
下所示。

```
/* hardware/interfaces/graphics/allocator/2.0/IAllocator.hal */
package android.hardware.graphics.allocator@2.0;
import android.hardware.graphics.mapper@2.0;
interface IAllocator {
    allocate(BufferDescriptor descriptor, uint32_t count)
        generates (Error error,  uint32_t stride,  vec<handle> buffers);
};
```

Gralloc 对应的接口类为 IAllocator，它有一个用于申请图形缓冲的接口 allocate，该接
口的参数解析如下。

（1）第 1 个参数 descriptor 包含了缓冲的信息，如宽、高、格式等，有了这些信息才
能知道缓冲的大小。

（2）第 2 个参数 count 表示申请缓冲的个数，可以一次申请多个图形缓冲。申请成功
后，图形缓冲以 handle 格式返回。

IAllocator 对象由 HIDL_FETCH_IAllocator 创建，代码如下所示。

```
/* hardware/interfaces/graphics/allocator/2.0/default/passthrough.cpp */
extern "C" IAllocator* HIDL_FETCH_IAllocator(const char* /* name */) {
    return GrallocLoader::load();
}
/* hardware/interfaces/graphics/allocator/2.0/utils/passthrough/include/
allocator-passthrough/2.0/GrallocLoader.h */
class GrallocLoader {
    static IAllocator* load() {
        const hw_module_t* module = loadModule();
        auto hal = createHal(module);
        return createAllocator(std::move(hal));
    }
}
```

创建 IAllocator 对象的流程分以下 3 步。

（1）加载模块：loadModule 加载得到 id 为 GRALLOC_HARDWARE_MODULE_ID 的
模块对象。

（2）创建适配层对象：createHal 创建适配层对象，适配层对象从模块对象可获取设备

对象，收到分配缓冲的请求后交给设备对象处理。

（3）创建 IAllocator 对象：createAllocator 创建 AllocatorImpl 对象，AllocatorImpl 对象继承 IAllocator，该对象收到请求后交给适配层对象处理。

定义接口 IAllocator 后，启动 Gralloc 服务，代码如下。

```
/* hardware/interfaces/graphics/allocator/2.0/default/service.cpp */
int main() {
    return defaultPassthroughServiceImplementation<IAllocator>(4);
}
```

Gralloc 也通过 defaultPassthroughServiceImplementation 启动服务，与 3.2.2 节中 Demo 服务进程的启动方法一样。

3.3.3　分配图形缓冲流程

Gralloc 进程启动后，客户进程可以向它请求分配图形缓冲，图 3.3 是客户进程请求 Gralloc 分配图形缓冲的流程。

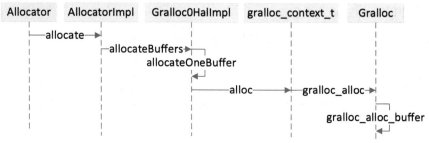

图 3.3　客户进程请求 Gralloc 分配图形缓冲的流程

图中的 Allocator 属于客户进程，它封装了与 Gralloc 进程通信的细节，代码如下。

```
/*frameworks/native/libs/ui/Gralloc2.cpp*/
Allocator::Allocator(const Mapper& mapper)
    : mMapper(mapper)
{
    mAllocator = IAllocator::getService();
}
Error Allocator::allocate(BufferDescriptor descriptor, uint32_t count,
        uint32_t* outStride, buffer_handle_t* outBufferHandles) const
{
    auto ret = mAllocator->allocate(descriptor, count,
            [&](const auto& tmpError, const auto& tmpStride,
                const auto& tmpBuffers) {
```

```
        for (uint32_t i = 0; i < count; i++) {
                error = mMapper.importBuffer(tmpBuffers[i],
                        &outBufferHandles[i]);
        }
    });
}
```

Allocator 的实现解析如下。

（1）在构造函数中调用 IAllocator::getService 得到 IAllocator 对象并保存到 mAllocator。

（2）Allocator 的 allocate 用于请求分配缓冲，通过调用 mAllocator 的接口 allocate 向 Gralloc 进程发送请求，申请成功得到的缓冲通过 outBufferHandles 返回给调用者。

Gralloc 进程中的 AllocatorImpl 对象收到请求后，转发给适配层对象 Gralloc0HalImpl，再由适配层对象转发给设备对象 gralloc_context_t，alloc 对应的处理函数为 gralloc_alloc，该函数调用 gralloc_alloc_buffer 分配缓冲，代码如下。

```
/*hardware/libhardware/modules/gralloc/Gralloc.cpp */
static int gralloc_alloc_buffer(alloc_device_t* dev,
        size_t size, int /*usage*/, buffer_handle_t* pHandle)
{
    fd = ashmem_create_region("gralloc-buffer", size);
    private_handle_t* hnd = new private_handle_t(fd, size, 0);
    *pHandle = hnd;
}
```

在 gralloc_alloc_buffer 中，通过 ashmem_create_region 分配内存，成功后得到一个文件描述符，文件描述符以 buffer_handle_t 结构返回客户进程。第 2 章提到，Binder 可以跨进程传输文件描述符，客户进程拿到文件描述符后通过 mmap 操作可得到缓冲地址。

3.3.4　图形缓冲

图形显示系统使用图形缓冲保存图形数据，图形缓冲用 GraphicBuffer 表示，定义如下。

```
/*frameworks/native/libs/nativebase/include/nativebase/nativebase.h
typedef struct ANativeWindowBuffer
{
    const native_handle_t* handle;
} ANativeWindowBuffer_t;
typedef struct ANativeWindowBuffer ANativeWindowBuffer;

/*frameworks/native/libs/ui/include/ui/GraphicBuffer.h*/
```

```
class GraphicBuffer
    : public ANativeObjectBase<ANativeWindowBuffer, GraphicBuffer,
      RefBase>, public Flattenable<GraphicBuffer>
{}
```

GraphicBuffer 继承于 ANativeWindowBuffer，handle 用于保存缓冲对应的文件描述符，创建 GraphicBuffer 对象时在初始化阶段开始请求分配缓冲，代码如下。

```
/* frameworks/native/libs/ui/GraphicBuffer.cpp */
GraphicBuffer::GraphicBuffer(uint32_t inWidth, uint32_t inHeight,
        PixelFormat inFormat, uint32_t inLayerCount, uint64_t usage,
        std::string requestorName)
    : GraphicBuffer()
{
    mInitCheck = initWithSize(inWidth, inHeight, inFormat, inLayerCount,
            usage, std::move(requestorName));
}
status_t GraphicBuffer::initWithSize(uint32_t inWidth, uint32_t inHeight,
        PixelFormat inFormat, uint32_t inLayerCount, uint64_t inUsage,
        std::string requestorName)
{
    GraphicBufferAllocator& allocator = GraphicBufferAllocator::get();
    uint32_t outStride = 0;
    status_t err = allocator.allocate(inWidth, inHeight, inFormat, inLayerCount,
            inUsage, &handle, &outStride, mId,
            std::move(requestorName));
}
```

申请成功后缓冲保存到 handle 中。使用者得到 GraphicBuffer 对象后需要取出地址才能保存图形数据，获取地址的方法如下。

```
/* frameworks/native/libs/ui/GraphicBuffer.cpp */
status_t GraphicBuffer::lockAsync(uint32_t inUsage, const Rect& rect,
        void** vaddr, int fenceFd)
{
    return lockAsync(inUsage, inUsage, rect, vaddr, fenceFd);
}
status_t GraphicBuffer::lockAsync(uint64_t inProducerUsage,
        uint64_t inConsumerUsage, const Rect& rect, void** vaddr,
        int fenceFd)
{
    status_t res = getBufferMapper().lockAsync(handle, inProducerUsage,
```

```
            inConsumerUsage, rect, vaddr, fenceFd);
    }
```

解析如下。

（1）GraphicBuffer 中的 handle 包含了图形缓冲的文件描述符，对文件描述进行 mmap 操作可得到图形缓冲的内存地址，相关内容可以参考 2.3 节。

（2）应用程序调用 GraphicBuffer 的 lockAsync 可以获取缓冲的内存地址。应用程序得到地址后可以向图形缓冲读、写图形数据。

3.4　Hardware Composer

3.4.1　简介

硬件混合渲染器是一种数字信号处理器（Digital Signal Processor，DSP），负责将多个图形缓冲合成到一个图形缓冲。除了硬件混合渲染器，还可以通过 OpenGL ES 图形库合成图形，OpenGL ES 图形库会消耗 GPU（Graphic Processing Unit，图形处理器）资源。使用硬件混合渲染器合成图形可以减轻 GPU 的负担，GPU 就可以专注于应用的渲染工作，从而提高系统的性能。

在硬件抽象层与硬件混合渲染器对应的图形组件为 Hardware Composer（HWC），它主要有以下 3 个功能。

（1）合成图形：把多个图形缓冲传给硬件混合渲染器，通知硬件混合渲染器执行合成操作。

（2）显示图形：把图形缓冲直接显示到屏幕。

（3）上报事件：接收底层上报的事件并转发给客户进程。

HWC 是图形流消费者与图形驱动交互的桥梁，图形流消费者通过 HWC 把图形缓冲传给图形驱动，图形驱动也会通过 HWC 把事件上报到图形流消费者。

3.4.2　接口定义

HWC 在独立进程中运行，客户进程通过以下 3 个接口类的接口与 HWC 进程交互。

1. IComposer

该接口类用于客户进程与 HWC 进程建立通信连接，定义如下。

```
/* hardware/interfaces/graphics/composer/2.1/IComposer.hal */
package android.hardware.graphics.composer@2.1;
```

```
import IComposerClient;
interface IComposer {
    createClient() generates (Error error, IComposerClient client);
};
```

IComposer 接口类的 createClient 用于创建 IComposerClient 对象。

IComposer 对象由 HIDL_FETCH_IComposer 创建，代码如下。

```
/* hardware/interfaces/graphics/composer/2.1/default/passthrough.cpp */
extern "C" IComposer* HIDL_FETCH_IComposer(const char* /* name */) {
    return HwcLoader::load();
}
/*hardware/interfaces/graphics/composer/2.1/utils/passthrough/include/
  composer-passthrough/2.1/HwcLoader.h */
class HwcLoader {
    static IComposer* load() {
        const hw_module_t* module = loadModule();
        auto hal = createHalWithAdapter(module);
        return createComposer(std::move(hal));
    }
}
```

IComposer 对象的创建流程分为以下 3 步。

（1）加载模块：loadModule 加载得到 id 为 HWC_HARDWARE_MODULE_ID 的模块对象。硬件合成与硬件平台有关，本章以 MSM8996 平台为例。

（2）创建适配层对象：createHalWithAdapter 创建适配层对象 HwcHalImpl，适配层对象从模块对象中取出设备对象，收到请求后交给设备对象处理。

（3）创建 IComposer 对象：createAllocator 创建 ComposerImpl 对象，ComposerImpl 对象负责创建 IComposerClient 对象并返回给客户进程。

2. IComposerClient

IComposerClient 表示客户对象，每个客户对象对应一个屏幕。如果一个设备有多个屏幕，就需要创建多个 IComposerClient 对象。IComposerClient 接口类定义如下。

```
/* hardware/interfaces/graphics/composer/2.1/IComposerClient.hal */
package android.hardware.graphics.composer@2.1;
import android.hardware.graphics.common@1.0;
interface IComposerClient {
    registerCallback(IComposerCallback callback);
    createLayer(Display display, uint32_t bufferSlotCount)
```

```
    generates (Error error,  Layer layer);
    ...
};
```

IComposerClient 定义的接口比较多，在 3.4.3 节和 3.4.4 节会重点介绍其中几个重要接口的实现流程。

IComposerClient 中的接口 registerCallback 用于注册回调，客户进程注册回调后可以接收 HWC 进程的事件，回调的接口在 IComposerCallback 接口类中定义。

3. IComposerCallback

IComposerCallback 接口类定义如下所示。

```
/* hardware/interfaces/graphics/composer/2.1/IComposerCallback.hal */
package android.hardware.graphics.composer@2.1;
interface IComposerCallback {
    onHotplug(Display display, Connection connected);
    oneway onRefresh(Display display);
    oneway onVsync(Display display, int64_t timestamp);
};
```

IComposerCallback 定义 3 个接口，作用如下。

（1）onHotplug：当有显示设备插入或者移除时，通知客户进程。

（2）onRefresh：通知客户进程提供新的帧缓冲。

（3）onVsync：向客户进程发送 VSync 信号。

客户进程通过 Composer 与 HWC 进程通信，建立通信连接的流程如下所示。

```
/*frameworks/native/services/surfaceflinger/displayhardware/ComposerHal.cpp */
Composer::Composer(const std::string& serviceName)
{
    mComposer = V2_1::IComposer::getService(serviceName);
    mComposer->createClient(
            [&](const auto& tmpError, const auto& tmpClient)
            {
                if (tmpError == Error::NONE) {
                    mClient = tmpClient;
                }
            });
}
```

在 Composer 的构造函数中通过 V2_1::IComposer::getService 得到 IComposer 对象。调

用 IComposer 对象的接口 createClient 得到 IComposerClient 对象后保存到 mClient 中。

Composer 通过 mClient 与 HWC 进程建立通信连接，Composer 的方法主要通过调用 mClient 的接口实现。例如，注册回调实现如下。

```
/*frameworks/native/services/surfaceflinger/displayhardware/
  ComposerHal. cpp */
void Composer::registerCallback(const sp<IComposerCallback>& callback)
{
    auto ret = mClient->registerCallback(callback);
}
```

Composer 对外提供 registerCallback 方法用于注册回调，内部通过调用 mClient 的接口 registerCallback 实现。

3.4.3　硬件混合渲染器合成

通过硬件混合渲染器合成图形，客户进程需要把图形缓冲传给 HWC 进程，再由 HWC 进程传给显示驱动，通知硬件混合渲染器合成图形缓冲，合成后的结果直接传给显示设备显示。通过硬件混合渲染器合成图形的 3 个关键步骤如下。

1. 创建图层

图层（layer）是图形缓冲的载体，不仅包含图形缓冲，还包含了图形的大小、位置、格式等信息。客户进程要把图形缓冲传给 HWC 进程，首先要创建图层。Composer 的 createLayer 用于创建图层，代码如下。

```
/* frameworks/native/services/surfaceflinger/displayhardware/ComposerHal.cpp */
Error Composer::createLayer(Display display, Layer* outLayer)
{
    mClient->createLayer(display, BufferQueue::NUM_BUFFER_SLOTS,
            [&](const auto& tmpError, const auto& tmpLayer) {
                *outLayer = tmpLayer;
            });
}
```

Composer 调用 mClient 的接口 createLayer 向 HWC 进程请求创建图层，调用流程如图 3.4 所示。

createLayer 流程解析如下。

（1）Composer 属于客户进程，其他部分属于 HWC 进程。

（2）ComposerClientImpl 收到请求后转给适配层对象 HwcHalImpl 处理。

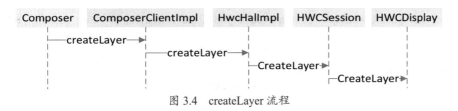

图 3.4　createLayer 流程

（3）HwcHalImpl 收到请求后要交给设备对象处理，不同平台的设备对象通常不一样。

（4）HWCSession 继承 hwc2_device_t，属于硬件抽象层中的设备结构。它收到 CreateLayer 请求后交给 HWCDisplay 处理。

HWCDisplay 处理 CreateLayer 的流程如下。

```
/*hardware/qcom/display/msm8996/sdm/libs/hwc2/Hwc_display.cpp */
HWC2::Error HWCDisplay::CreateLayer(hwc2_layer_t *out_layer_id) {
  HWCLayer *layer = *layer_set_.emplace(new HWCLayer(id_, buffer_allocator_));
  layer_map_.emplace(std::make_pair(layer->GetId(), layer));
  *out_layer_id = layer->GetId();
}
```

在 HWCDisplay 中使用 HWCLayer 表示图层，创建 HWCLayer 对象后把它保存到 layer_map_ 中。

2. 设置图层缓冲

创建图层后，客户进程才能将图形缓冲传到 HWC 进程。Composer 的 setLayerBuffer 用于向 HWC 进程传递图形缓冲，代码如下。

```
/* frameworks/native/services/surfaceflinger/displayhardware/ComposerHal.cpp */
Error Composer::setLayerBuffer(Display display, Layer layer,
        uint32_t slot, const sp<GraphicBuffer>& buffer, int acquireFence)
{
    mWriter.selectDisplay(display);
    mWriter.selectLayer(layer);
    const native_handle_t* handle = nullptr;
    if (buffer.get()) {
        handle = buffer->getNativeBuffer()->handle;
    }
    mWriter.setLayerBuffer(slot, handle, acquireFence);
}
```

在 setLayerBuffer 中，取出 GraphicBuffer 的 handle。handle 包含了图形缓冲的信息，这里主要把 handle 传到 HWC 进程。传递图形缓冲流程如图 3.5 所示。

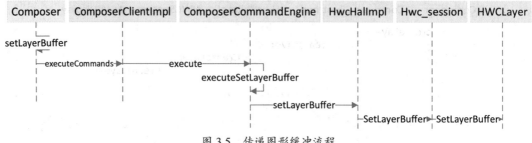

图 3.5　传递图形缓冲流程

下面只看 HWCLayer 处理 SetLayerBuffer 的流程，代码如下所示。

```
/*hardware/qcom/display/msm8996/sdm/libs/hwc2/Hwc_layers.cpp*/
HWC2::Error HWCLayer::SetLayerBuffer(buffer_handle_t buffer,
                                     int32_t acquire_fence) {
  const private_handle_t *handle = static_cast<const private_handle_t *>(buffer);
  ion_fd_ = dup(handle->fd);

  LayerBuffer *layer_buffer = layer_->input_buffer;

  layer_buffer->width = UINT32(handle->width);
  layer_buffer->height = UINT32(handle->height);
  auto format = layer_buffer->format;
  layer_buffer->format = GetSDMFormat(handle->format, handle->flags);

  layer_buffer->planes[0].fd = ion_fd_;
  layer_buffer->buffer_id = reinterpret_cast<uint64_t>(handle);
}
```

HWCLayer 处理 SetLayerBuffer 请求时，从 handle 可以得到 fd、width、height、format 等信息并保存起来，此时图形缓冲的信息已经保存到 HWCLayer 中。

3. 合成并显示

当所有要显示的图形缓冲都传递到 HWC 进程后，接下来通知合成图形缓冲并显示，对应的接口为 presentOrValidateDisplay，调用流程如图 3.6 所示。

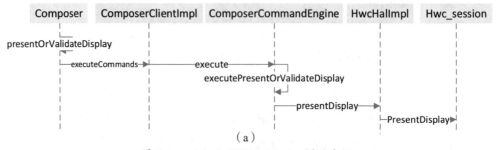

（a）

图 3.6　presentOrValidateDisplay 调用流程

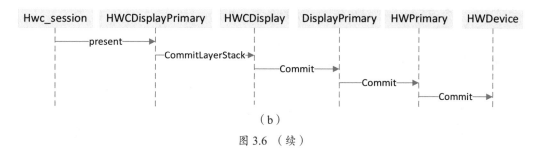

（b）

图 3.6 （续）

这里不对中间的调用过程展开介绍，只介绍 HWDevice 收到 Commit 请求后是如何把图层缓冲传给驱动的，经过简化后的代码如下所示。

```
/*hardware/qcom/display/msm8996/sdm/libs/core/fb/Hw_device.cpp*/
void HWDevice::ResetDisplayParams() {
  mdp_disp_commit_.commit_v1.input_layers = mdp_in_layers_;
}

DisplayError HWDevice::Commit(HWLayers *hw_layers) {
  HWLayersInfo &hw_layer_info = hw_layers->info;
  LayerStack *stack = hw_layer_info.stack;

  for (uint32_t i = 0; i < hw_layer_info.count; i++) {
    uint32_t layer_index = hw_layer_info.index[i];
    LayerBuffer *input_buffer = stack->layers.at(layer_index)->input_buffer;
    mdp_layer_buffer &mdp_buffer = mdp_in_layers_[mdp_layer_index].buffer;
    mdp_buffer.planes[0].fd = input_buffer->planes[0].fd;
  }

  if (Sys::ioctl_(device_fd_, INT(MSMFB_ATOMIC_COMMIT),
              &mdp_disp_ commit_) < 0) {
  }
}
```

Commit 实现过程解析如下。

（1）通过参数传进来的 hw_layers 包含所有要显示的图层，通过它可以获取图层信息 hw_layer_info，通过图层信息可获取图层栈 stack，遍历图层栈可得到每个图层对应的图层缓冲 input_buffer。

（2）将图层缓冲对应的 fd 都保存到 mdp_in_layers_ 中。mdp_in_layers_ 是 mdp_disp_ commit_ 的成员，意味着 mdp_disp_commit_ 也包含了所有要显示的图层缓冲。

（3）通过 Sys::ioctl_ 将 mdp_disp_commit_ 传给显示驱动。

至此，所有要显示的图形缓冲已经传递到显示驱动，显示驱动开始通过硬件混合渲染

器合成图形，合成完成后把结果传给显示设备显示出来。

3.4.4 图形库合成

合成图形的工作也可以由客户进程完成，客户进程通过图形库合成图形得到帧缓冲后，通过 HWC 将帧缓冲传给显示驱动，相关的步骤如下。

1. 设置帧缓冲

Composer 的 setClientTarget 用于把帧缓冲传递到 HWC 进程，调用流程如图 3.7 所示。

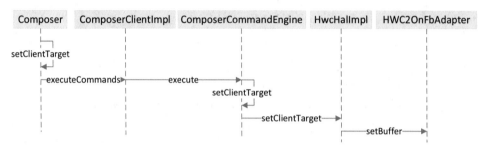

图 3.7 setClientTarget 调用流程

HWC2OnFbAdapter 属于 hwc2_device 类型，也属于硬件抽象层的设备，由 setBuffer 处理帧缓冲请求，代码如下。

```
/* hardware/interfaces/graphics/composer/2.1/utils/hwc2onfbadapter/
   HWC2OnFbAdapter.cpp */
void HWC2OnFbAdapter::setBuffer(buffer_handle_t buffer) {
    mBuffer = buffer;
}
```

setBuffer 把帧缓冲 buffer 保存到 mBuffer 中。

2. 显示帧缓冲

设置帧缓冲只是把帧缓冲传递到 HWC，HWC 需要把帧缓冲传递到显示驱动，帧缓冲中的图形内容才能在显示设备中显示出来。Composer 的 presentDisplay 用于通知 HWC 向显示驱动传递图形缓冲，流程如图 3.8 所示。

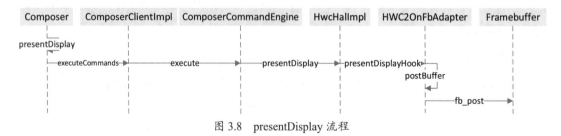

图 3.8 presentDisplay 流程

HWC 的 HWC2OnFbAdapter 收到请求后，调用 Framebuffer 的 fb_post 把图形缓冲传递到显示驱动，代码如下。

```
/* hardware/libhardware/modules/gralloc/Framebuffer.cpp*/
static int fb_post(struct framebuffer_device_t* dev,
                   buffer_handle_t buffer)
{
    private_handle_t const* hnd = reinterpret_cast<private_handle_t const*> (buffer);
    private_module_t* m = reinterpret_cast<private_module_t*>(
            dev->common.module);
    const size_t offset = hnd->base - m->framebuffer->base;
    m->info.yoffset = offset / m->finfo.line_length;
    if (ioctl(m->framebuffer->fd, FBIOPUT_VSCREENINFO, &m->info) == -1) {}
}
```

在 fb_post 中，通过 ioctl 将帧缓冲传递到显示驱动，显示驱动收到帧缓冲后会把它传给显示设备。

通过对 HWC 接口的介绍，读者应基本了解了显示帧缓冲的原理。第 4 章介绍合成图形流程时会涉及 HWC 的接口。

⏵⏵ 3.5 本章小结

本章介绍硬件抽象层的图形组件，先介绍硬件抽象层模块的开发方法及模块的解耦方法，然后介绍图形组件 Gralloc 和 HWC 的接口实现流程。硬件抽象层的图形组件在图形显示系统框架中处于最底层，为图形流消费者提供服务。

第4章 图形流消费者

4.1 简介

在图形显示系统框架中，图形流消费者处于硬件抽象层之上，窗口位置管理和图形流生产者之下。

图形流消费者的消费行为指处理图形缓冲。针对图形显示系统而言，消费行为指合成图形缓冲。合成图形缓冲是将多个图形缓冲混合得到一个新的图形缓冲的过程，主要为了解决同时显示多个图形缓冲的问题。在多任务的操作系统中，存在多个应用进程同时显示界面的情况，屏幕中的界面是多个应用进程的图形缓冲合成后的结果。第 3 章已经介绍过合成图形缓冲的两种方式，第 1 种是通过硬件混合渲染器合成，第 2 种是通过 OpenGL ES 图形库合成，本章重点介绍第 2 种合成方式的原理及其流程。

在 Android 系统中，由 SurfaceFlinger 担任图形流消费者的角色。下面开始介绍它的工作流程。

4.1.1 SurfaceFlinger 初始化

SurfaceFlinger 是一个系统服务，在系统启动时便开始工作，启动流程如下。

```
/* frameworks/native/services/surfaceflinger/main_surfaceflinger.cpp */
int main(int, char**) {
    sp<ProcessState> ps(ProcessState::self());
    ps->startThreadPool();
    sp<SurfaceFlinger> flinger = new SurfaceFlinger();
    flinger->init();
    sp<IServiceManager> sm(defaultServiceManager());
    sm->addService(String16(SurfaceFlinger::getServiceName()), flinger, false,
                IServiceManager::DUMP_FLAG_PRIORITY_CRITICAL);
    flinger->run();
}
```

```
void SurfaceFlinger::run() {
    do {
        waitForEvent();
    } while (true);
}
```

服务进程启动流程解析如下。

（1）startThreadPool：创建新线程并加入到线程池。

（2）init：对 SurfaceFlinger 对象进行初始化。

（3）addService：将 SurfaceFlinger 对象添加到服务管理进程。

（4）run：开始循环处理事件。

执行 main 方法的线程为主线程，主线程进入循环后服务进程进入工作状态。

4.1.2 客户进程与 SurfaceFlinger 交互

客户进程指使用 SurfaceFlinger 服务的进程，一般通过 SurfaceComposerClient 与 SurfaceFlinger 进程交互，以下是 SurfaceComposerClient 与 SurfaceFlinger 建立通信连接的流程。

```
/* frameworks/native/libs/gui/SurfaceComposerClient.cpp */
void SurfaceComposerClient::onFirstRef() {
    sp<ISurfaceComposer> sf(ComposerService::getComposerService());
    conn=(rootProducer != nullptr)? sf->createScopedConnection (rootProducer):
                sf->createConnection();
    mClient = conn;
}
```

SurfaceComposerClient 与 SurfaceFlinger 建立通信连接的流程解析如下。

（1）onFirstRef：SurfaceComposerClient 对象第一次被引用时会调用该方法。

（2）getComposerService：向服务管理进程查询得到 ISurfaceComposer 对象，客户进程通过该对象可以向 SurfaceFlinger 发送请求。

（3）createConnection：请求 SurfaceFlinger 创建客户对象 ISurfaceComposerClient 并保存到 mClient。

SurfaceComposerClient 通过 mClient 与 SurfaceFlinger 建立通信连接。

SurfaceFlinger 收到 createConnection 请求后处理流程如下。

```
/* frameworks/native/services/surfaceflinger/SurfaceFlinger.cpp */
sp<ISurfaceComposerClient> SurfaceFlinger::createConnection() {
```

```
    return initClient(new Client(this));
}
```

SurfaceFlinger 收到 createConnection 请求后创建了 Client 对象，这里使用了客户模式，SurfaceComposerClient 对象对应于 Client 对象，客户进程向 SurfaceComposerClient 发送请求，Client 收到请求后交给 SurfaceFlinger 处理。

4.1.3　SurfaceFlinger 与硬件抽象层交互

SurfaceFlinger 会使用硬件抽象层提供的服务，如申请图形缓冲、请求显示帧缓冲。在硬件抽象层中与图形显示系统相关的组件包括 Gralloc 和 HWC，SurfaceFlinger 通过以下两个模块与它们交互。

（1）Allocator：通过该模块对象向 Gralloc 申请图形缓冲。

（2）Composer：通过该模块对象向 HWC 请求显示帧缓冲。

经过初始化后，SurfaceFlinger 与上层和底层的图形组件都建立了通信连接。

4.2　图层

图层是图形合成的基本单元，是图形缓冲的载体。应用进程生产图形时，需要先请求 SurfaceFlinger 创建图层，图层创建成功后，应用进程才能通过它申请图形缓冲。

在客户进程中与图层对应的组件为窗口，每个窗口只对应一个图层，一个图层可对应多个窗口。SurfaceControl 和 Surface 都表示窗口，窗口管理服务通过 SurfaceControl 控制图层的状态，应用进程通过 Surface 向图层传送缓冲数据。

4.2.1　创建图层

1. 创建窗口

客户进程在生产图形之前先创建窗口，创建窗口时会请求 SurfaceFlinger 创建图层。SurfaceComposerClient 的 createSurface 用于创建窗口，代码如下。

```
/* frameworks/native/libs/gui/SurfaceComposerClient.cpp */
sp<SurfaceControl> SurfaceComposerClient::createSurface(const String8& name,
    uint32_t w,  uint32_t h,PixelFormat format, uint32_t flags,
    SurfaceControl* parent, int32_t windowType, int32_t ownerUid)
{
    sp<SurfaceControl> s;
    createSurfaceChecked(name, w, h, format, &s, flags, parent,
```

```
        windowType, ownerUid);
    return s;
}
status_t SurfaceComposerClient::createSurfaceChecked(const String8& name,
    uint32_t w, uint32_t h, PixelFormat format, sp<SurfaceControl>* outSurface,
    uint32_t flags, SurfaceControl* parent, int32_t windowType, int32_t ownerUid)
{
    sp<IBinder> handle;
    sp<IBinder> parentHandle;
    sp<IGraphicBufferProducer> gbp;
    err = mClient->createSurface(name, w, h, format, flags, parentHandle,
                windowType, ownerUid, &handle, &gbp);
    *outSurface = new SurfaceControl(this, handle, gbp, true /* owned */);
}
```

创建窗口主要由 createSurfaceChecked 实现，流程解析如下。

（1）参数：w 表示窗口的宽度。h 表示窗口的高度。format 表示像素格式，如 RGBA_8888 表示 Red、Green、Blue 和 Alpha 各占 8 位。根据这三个参数可确定图形缓冲的大小。

（2）实现：通过调用 mClient 的接口 createSurface 实现，操作成功后，返回 IBinder 对象和 IGraphicBufferProducer 对象，分别表示图层句柄和图形缓冲生产者。

（3）结果：创建 SurfaceControl 对象后作为结果返回。

窗口对象 SurfaceControl 是一个包装类，主要对 SurfaceComposerClient、IBinder 和 IGraphicBufferProducer 进行包装，通过 SurfaceComposerClient 和 IBinder 可以找到对应的图层，从而对图层进行控制，在 5.2.3 节再介绍具体的流程。

2. 创建图层

SurfaceComposerClient 在 createSurfaceChecked 中请求 SurfaceFlinger 创建图层，流程如图 4.1 所示。

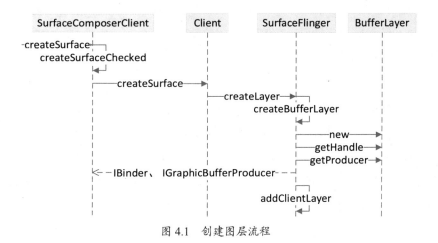

图 4.1　创建图层流程

创建图层流程解析如下。

（1）Client 收到 createSurface 请求后交给 SurfaceFlinger 处理。

（2）SurfaceFlinger 处理 createLayer 请求时，可创建缓冲图层或者颜色图层，这里主要关注缓冲图层。

（3）在 createBufferLayer 创建缓冲图层（BufferLayer）。

SurfaceFlinger 创建缓冲图层后，一边把图层的句柄和 IGraphicBufferProducer 对象返回客户进程，另一边通过 addClientLayer 保存图层。

3. 保存图层

创建图层后需要把它保存起来，保存图层的流程如下。

```
/* frameworks/native/services/surfaceflinger/SurfaceFlinger.cpp */
status_t SurfaceFlinger::addClientLayer(const sp<Client>& client,
        const sp<IBinder>& handle,
        const sp<IGraphicBufferProducer>& gbc,
        const sp<Layer>& lbc,
        const sp<Layer>& parent)
{
    if (parent == nullptr) {
        mCurrentState.layersSortedByZ.add(lbc);
    } else {
        parent->addChild(lbc);
    }
    client->attachLayer(handle, lbc);
}
void Layer::addChild(const sp<Layer>& layer) {
    mCurrentChildren.add(layer);
    layer->setParent(this);
}
void Client::attachLayer(const sp<IBinder>& handle, const sp<Layer>& layer)
{
    mLayers.add(handle, layer);
}
```

保存图层分以下两种情况。

（1）父图层为空：图层添加到 mCurrentState 的 layersSortedByZ 中。

（2）父图层不为空：图层添加到父图层的 mCurrentChildren 中。

可以看出，图层以树状的结构进行管理，layerSortedByZ 中的图层处于图层树的最顶层。图层同时会保存到 Client 对象中，通过句柄 handle 可查询到该图层。

4.2.2　缓冲图层

缓冲图层是最主要的图层，下面进一步了解它的组成结构。

1. 核心成员

缓冲图层在初始化阶段开始创建核心成员对象，代码如下。

```cpp
/* frameworks/native/services/surfaceflinger/BufferLayer.cpp */
void BufferLayer::onFirstRef() {
    sp<IGraphicBufferProducer> producer;
    sp<IGraphicBufferConsumer> consumer;
    BufferQueue::createBufferQueue(&producer, &consumer, true);
    mProducer = new MonitoredProducer(producer, mFlinger, this);
    mConsumer = new BufferLayerConsumer(consumer,
                mFlinger->getRenderEngine(), mTextureName, this);
}
void BufferQueue::createBufferQueue(sp<IGraphicBufferProducer>* outProducer,
        sp<IGraphicBufferConsumer>* outConsumer, bool consumerIsSurfaceFlinger) {
    sp<BufferQueueCore> core(new BufferQueueCore());
    sp<IGraphicBufferProducer> producer(
        new BufferQueueProducer(core, consumerIsSurfaceFlinger));
    sp<IGraphicBufferConsumer> consumer(new BufferQueueConsumer(core));
    *outProducer = producer;
    *outConsumer = consumer;
}
```

缓冲图层对象第一次被引用时创建了 5 个对象，它们的功能如下所示。

（1）BufferQueueCore：图形缓冲管理者，通过缓冲队列管理图形缓冲。

（2）BufferQueueProducer：从 BufferQueueCore 中取出空闲的缓冲。

（3）BufferQueueConsumer：从 BufferQueueCore 取出可消费的图形缓冲。

（4）MonitoredProducer：接收请求并交给 BufferQueueProducer 处理。SurfaceControl 中的 IGraphicBufferProducer 正是 MonitoredProducer 的代理对象。

（5）BufferLayerConsumer：通过 BufferQueueConsumer 取出图形缓冲并处理。

缓冲图层成员之间的关系如图 4.2 所示。

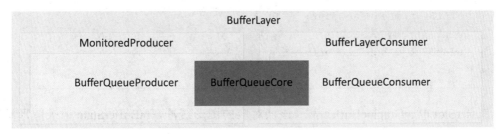

图 4.2　缓冲图层成员之间的关系

MonitoredProducer 和 BufferLayerConsumer 是 BufferLayer 的 成 员。BufferQueueProducer 是 MonitoredProducer 的 成 员。BufferQueueConsumer 是 BufferLayerConsumer 的 成 员。 BufferQueueProducer 和 BufferQueueConsumer 共同持有同一个 BufferQueueCore 对象。

2. BufferQueueCore

BufferQueueCore 作为图形缓冲管理者，结构定义如下。

```
struct BufferSlot {
    sp<GraphicBuffer> mGraphicBuffer;
    BufferState mBufferState;
}
namespace BufferQueueDefs {
    static constexpr int NUM_BUFFER_SLOTS = 64;
    typedef BufferSlot SlotsType[NUM_BUFFER_SLOTS];
}
class BufferQueueCore : public virtual RefBase {
    typedef Vector<BufferItem> Fifo;
    BufferQueueDefs::SlotsType mSlots;
    Fifo mQueue;
}
```

BufferQueueCore 有以下两个关键成员。

（1）mSlots（槽）：这是一个数组，元素类型为 BufferSlot，数组大小为 64。每个 BufferSlot 通过 mGraphicBuffer 保存图形缓冲，通过 mBufferState 记录该图形缓冲的状态。

（2）mQueue（队列）：这是个动态数组，记录了图形缓冲的生产顺序，图形流消费者根据队列的顺序对图形缓冲进行处理。

BufferQueueCore 通过 BufferSlot 对图形缓冲进行管理，结构定义如下。

```
struct BufferSlot {
   sp<GraphicBuffer> mGraphicBuffer;
   BufferState mBufferState;
}
struct BufferState {
    uint32_t mDequeueCount;
    uint32_t mQueueCount;
    uint32_t mAcquireCount;
}
```

BufferSlot 中 mGraphicBuffer 表示该槽对应的图形缓冲，mBufferState 记录图形缓冲的使用状态。

BufferState 通过计数表示状态，具体状态表示如下。

（1）mDequeueCount 大于 0 表示处于 DEQUEUED 状态。

（2）mQueueCount 大于 0 表示处于 QUEUED 状态。

（3）mAcquireCount 大于 0 表示处于 ACQUIRED 状态。

图形流生产者和消费者申请图形缓冲时，槽状态会发生迁移，如图 4.3 所示。

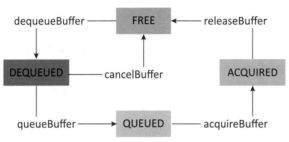

图 4.3　BufferState 状态迁移

槽状态迁移过程解析如下。

（1）FREE：该状态表示槽处于空闲状态，在此状态下槽位所有权归属于缓冲队列，可以被生产者申请使用。

（2）DEQUEUED：该状态表示生产者通过 dequeueBuffer 申请到了图形缓冲，申请图形缓冲时，从 mSlots 找到一个空闲的槽并将其状态设置为 DEQUEUED，此时该槽位所有权归属于生产者，生产者可以向该槽的图形缓冲写入图形数据。

（3）QUEUED：该状态表示生产者通过 queueBuffer 把图形缓冲交给缓冲队列，此时该槽位所有权归属于缓冲队列。此时槽位的图形缓冲等待图形流消费者申请处理。

（4）ACQUIRED：该状态表示消费者通过 acquireBuffer 申请到了图形缓冲，此时槽位所有权归属于消费者，消费者可以读取图形缓冲中的图形数据。

图形流消费者处理完图形缓冲后，通过 releaseBuffer 释放图形缓冲，槽变回 FREE 状态，生产者又可以再次申请使用。通过 BufferState 管理图形缓冲，可避免同一个图形缓冲同时被生产者和消费者使用。

4.2.3　图形的生产与消费

下面介绍图形流生产者和图形流消费者使用图形缓冲的流程，分为以下 4 部分。

1. 申请图形缓冲

应用进程通过 SurfaceComposerClient 的 createSurface 可得到 SurfaceControl 对象，通过该对象的 getSurface 可得到 Surface 对象，Surface 对象的 dequeueBuffer 用于申请图形缓冲，代码如下。

```
/* frameworks/native/libs/gui/Surface.cpp */
int Surface::dequeueBuffer(android_native_buffer_t** buffer, int* fenceFd) {
    int buf = -1;
    status_t result = mGraphicBufferProducer->dequeueBuffer(&buf, &fence,
                        reqWidth, reqHeight,
                        reqFormat, reqUsage, &mBufferAge,
                        enableFrameTimestamps ? &frameTimestamps : nullptr);
    sp<GraphicBuffer>& gbuf(mSlots[buf].buffer);
    result = mGraphicBufferProducer->requestBuffer(buf, &gbuf);
    *buffer = gbuf.get();
}
```

dequeueBuffer 申请图形缓冲分以下两步。

（1）调用接口 dequeueBuffer 获取空闲槽的下标。

（2）根据下标调用接口 requestBuffer 获取对应槽位的图形缓冲。

申请图形缓冲的整体流程如图 4.4 所示。

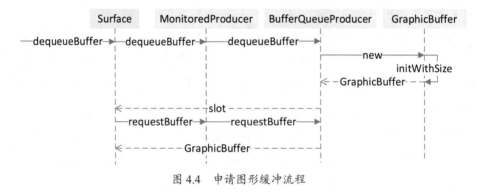

图 4.4　申请图形缓冲流程

申请图形缓冲流程解析如下。

（1）Surface 处于客户进程，通过 mGraphicBufferProducer 向服务进程发送请求。

（2）MonitoredProducer 是服务对象，负责接收客户进程的请求，收到请求后交给 BufferQueueProducer 处理。

（3）BufferQueueProducer 处理 dequeueBuffer 请求时，先从 BufferQueueCore 找到空闲的槽位，把槽位的状态改为 DEQUEUED，接着检查该槽位是否有关联的图形缓冲，没有则申请一个图形缓冲并关联，最后把槽位的下标返回客户进程。

（4）BufferQueueProducer 处理 requestBuffer 请求时，根据下标可找到对应槽位的图形缓冲，图形缓冲属于共享内存，共享内存的句柄支持跨进程传输，因此可以返回到客户进程。

申请成功后图形流生产者得到图形缓冲对象 GraphicBuffer，通过该对象可以获取图形缓冲的内存地址。

2. 图形缓冲加入队列

生产的图形内容保存到图形缓冲后，图形流生产者需要将图形缓冲添加到队列，图形流消费者才能从队列中取出图形缓冲并处理，Surface 的 queueBuffer 用于将图形缓冲添加到队列，流程如图 4.5 所示。

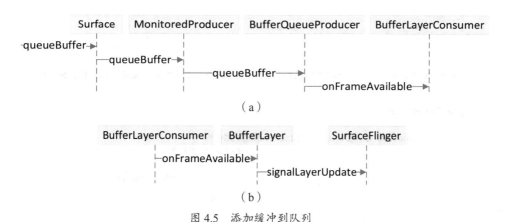

（a）

（b）

图 4.5　添加缓冲到队列

queueBuffer 请求主要由 BufferQueueProducer 处理，处理内容如下。

（1）将图形缓冲对应槽位的状态改为 QUEUED。

（2）将图形缓冲添加到队列中。

（3）通知监听者处理队列中的图形缓冲。

SurfaceFlinger 作为监听者，收到通知后开始请求 VSync 信号，4.3 节将介绍 VSync 信号的相关内容。

3. 处理图形缓冲

SurfaceFlinger 收到 VSync 信号后，开始处理队列中的图形缓冲，流程如图 4.6 所示。

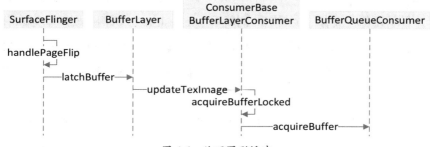

图 4.6　处理图形缓冲

处理图形缓冲流程解析如下。

（1）BufferQueueConsumer 处理 acquireBuffer 请求时，先从队列取出第一个图形缓冲，同时把它从队列中移除，接着将图形缓冲对应槽位的状态改为 ACQUIRED，最后把图形缓冲作为结果返回。

（2）acquireBufferLocked 通过 acquireBuffer 获取到图形缓冲后，将它保存到 Image 对象中。

经过 latchBuffer 这一步，缓冲图层锁定了要处理的图形缓冲，SurfaceFlinger 执行合成操作会进一步处理图层中的图形缓冲，在 4.4 节将介绍图形合成的内容。

4. 释放图形缓冲

处理完图形缓冲后，需要把它释放掉，释放流程如图 4.7 所示。

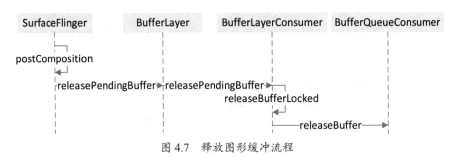

图 4.7　释放图形缓冲流程

BufferQueueConsumer 处理 releaseBuffer 请求时，把图形缓冲对应槽位的状态改为 FREE。图形流生产者又可以重新申请该槽的图形缓冲生产图形内容。

不断重复以上 4 个操作，图形流生产者把图形数据传递到图形流消费者，SurfaceFlinger 作为图形流消费者，收到图形缓冲后才能对其执行合成操作。

4.3　VSync

4.3.1　简介

为了能够在屏幕上显示流畅的画面，SurfaceFlinger 在适当的时机才会将帧数据传到显示设备。显示设备一般有一个固定的刷新率（refresh rate），例如刷新率为 60Hz 表示每秒刷新 60 次，每次刷新前收到新的缓冲才会显示新画面。帧率（frame rate）是每秒在屏幕上显示的帧数。为了达到一个好的显示效果，需要使帧率等于刷新率，否则会出现以下两种情况。

（1）帧率大于刷新率：该情况缓冲更新比较快，显示设备在刷新之前可能会收到两个或者多个帧缓冲，不过只会显示最后一次更新的帧缓冲，这种情况下会造成丢帧，出现画面跳跃的现象。

（2）帧率小于刷新率：该情况缓冲更新比较慢，显示设备在刷新之前可能没有收到新缓冲，只能显示前一次更新的缓冲，出现画面卡顿的现象。

即使帧率与刷新率相等，依然会出现显示设备刷新时没有收到缓冲的情况，为了减少这种情况的发生，显示设备在刷新完成后会发出 VSync 信号（Vertical Synchronization，垂直同步），SurfaceFlinger 可以选择在收到 VSync 信号后开始合成图形，得到帧缓冲后再传给显示设备。

4.3.2 作用

SurfaceFlinger 执行合成操作可以不采用 VSync 同步或者采用 VSync 同步，下面对比这两种情况的差异。

1. 不采用 VSync 同步

不采用 VSync 同步，即 VSync 信号到来时并没有启动合成流程，而是等待一段时间才开始启动，等待的时间长短也不固定，如图 4.8 所示。

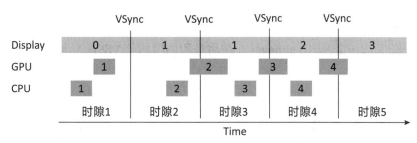

图 4.8　合成过程不采用 VSync 同步

准备图形缓冲消耗的是 CPU 资源，通过图形库合成操作消耗的是 GPU 资源，Display 表示显示设备，每次刷新完都产生一个 VSync 信号。这里只展示以下 5 个时隙。

（1）时隙 1：Display 显示第 0 帧画面，CPU 准备好了合成第 1 帧图形的缓冲，GPU 也完成了第 1 帧图形的合成工作。

（2）时隙 2：Display 显示第 1 帧画面，CPU 准备好了合成第 2 帧图形的缓冲，GPU 未完成第 2 帧图形的合成工作。

（3）时隙 3：由于第 2 帧图形没有准备好，Display 依旧显示第 1 帧画面，此时出现卡顿现象。GPU 继续合成第 2 帧图形，合成完成后 CPU 准备第 3 帧图形的缓冲，GPU 接着合成第 3 帧图形。

（4）时隙 4：第 2 帧图形已经准备好了，Display 显示第 2 帧画面。GPU 继续合成第 3 帧图形，合成完成后 CPU 准备第 4 帧图形的缓冲，GPU 未完成第 4 帧图形的合成工作。

（5）时隙 5：第 3 帧图形已经准备好了，Display 显示第 3 帧画面。

通过以上流程可以了解到，即使帧率与刷新率一样也会出现卡顿现象，原因是合成与显示的步调不一致。

2. 采用 VSync 同步

下面是合成过程采用 VSync 同步的情况，如图 4.9 所示。

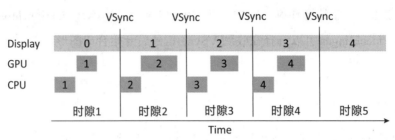

图 4.9　合成过程采用 VSync 同步

合成过程采样 VSync 同步，每次 VSync 信号到来时，CPU 开始准备下一帧图形的缓冲，接着 GPU 开始合成，只要 CPU 的耗时加上 GPU 的耗时小于相邻 VSync 信号的时间间隔，就不会出现卡顿现象。由此可见，采用 VSync 同步可以提高画面的流畅度。

4.3.3　基本流程

在 Android 系统中，SurfaceFlinger 和应用进程都用到了 VSync 信号，下面介绍 VSync 的基本流程。

1. 注册回调

VSync 信号由显示设备上报到 HWC 进程，SurfaceFlinger 为了接收 VSync 信号，需要向 HWC 注册回调，流程如图 4.10 所示。

图 4.10　注册回调流程

注册回调流程解析如下。

（1）SurfaceFlinger 在初始化阶段开始注册回调，这里把回调对象 ComposerCallbackBridge 传给 HWC 进程。

（2）HWC 进程收到底层上报 VSync 信号时，通过回调对象传到 SurfaceFlinger 进程。

回调方法 onVsyncReceived 被调用时，表示 SurfaceFlinger 已经收到 VSync 信号，但是 SurfaceFlinger 不能直接基于该信号合成图形。

2. VSync 开关

显示设备是否上报 VSync 信号可通过开关控制，默认情况下开关处于关闭状态。有需求时打开开关，无需求时关闭开关。SurfaceFlinger 初始化时会请求打开开关，流程如图 4.11 所示。

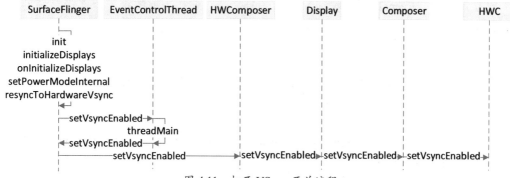

图 4.11 打开 VSync 开关流程

在该流程中，主要通过 setVsyncEnabled 打开或者关闭 VSync 的开关，参数为 true 表示打开开关，参数为 false 表示关闭开关。

3. 事件线程

事件线程用于将 VSync 信号分发给目标。SurfaceFlinger 初始化时创建了两个事件线程对象 mEventThread 和 mSFEventThread，mEventThread 负责把 VSync 信号分发给应用，mSFEventThread 负责把 VSync 信号分发给 SurfaceFlinger。

为了接收 VSync 信号，SurfaceFlinger 需要与事件线程 mSFEventThread 建立连接，流程如图 4.12 所示。

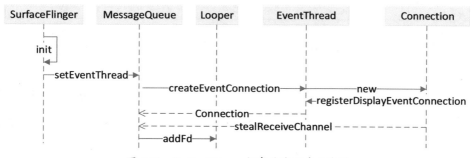

图 4.12 SurfaceFlinger 与事件线程建立连接

SurfaceFlinger 与事件线程建立连接流程解析如下。

（1）MessageQueue 调用 EventThread 的 createEventConnection 创建连接，得到连接对象 Connection，它是一个 Binder 对象，可以跨进程传输。

（2）Connection 内部通过 socketpair 创建一对套接字，通过套接字可建立通信连接。这里第 1 个套接字用于接收数据，第 2 个套接字用于发送数据。

（3）Connection 对象第一次被引用时通过 registerDisplayEventConnection 保存到 EventThread 后，EventThread 才能从 Connection 取出第 2 个套接字发送数据。

（4）MessageQueue 得到 Connection 对象后，通过 stealReceiveChannel 取出第 1 个套接字，把它添加到 Looper 开始监听并接收数据。

建立连接后，EventThread 收到 VSync 信号后，会遍历当前的每一个连接，满足条件的连接才会向它发 VSync 信号，下面将介绍如何判定一个连接是否满足条件。

4. 请求 VSync 信号

图层有图形缓冲添加到队列时会通知 SurfaceFlinger 请求 VSync 信号，流程如图 4.13 所示。

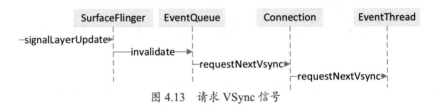

图 4.13　请求 VSync 信号

EventThread 由 requestNextVsync 处理 VSync 请求，代码如下。

```
void EventThread::requestNextVsync
                (const sp<EventThread::Connection>& connection) {
    if (connection->count < 0) {
        connection->count = 0;
        mCondition.notify_all();
    }
}
```

requestNextVsync 只是把 Connection 的 count 设置为 0，EventThread 就会向该 Connection 发送 VSync 信号，这里的规则解析如下。

（1）当 Connection 的 count 小于 0 时，EventThread 不会向该 Connection 发 VSync 信号。

（2）当 Connection 的 count 等于 0 时，EventThread 向该 Connection 发送一次 VSync 信号后，立刻把 count 变为 -1。

（3）当 Connection 的 count 大于 0 时，如 count 等于 2，EventThread 每收到 2 次 VSync 信号，才向该 Connection 发送 1 次 VSync 信号。

Connection 的 count 用于控制发送节奏，通过 requestNextVsync 请求只能收到一次 VSync 信号，如果要一直接收 VSync 信号，可以在收到 VSync 信号后再次请求 VSync 信号，或者通过 setVsyncRate 将 count 设置为 1。

如果 EventThread 发现有满足条件的 Connection，则需要向 DispSyncThread 注册监听，流程如图 4.14 所示。

注册监听后，DispSyncThread 收到 VSync 信号会分发给监听者。DispSyncThread 主要起到同步的作用，每个监听者都有一个时间偏移，DispSyncThread 收到 VSync 信号后等待偏移时长后才发给监听者。

图 4.14　注册监听

5. VSync 信号分发

此时分发通道已经建立，SurfaceFlinger 收到 VSync 信号后可以分发到目标，分发流程如图 4.15 所示。

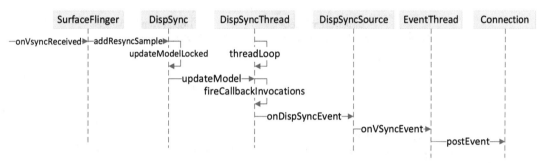

图 4.15　VSync 信号分发流程

VSync 信号分发过程中经历以下 3 个线程。

（1）Binder 线程：负责接收和处理 VSync 信号，该线程不能有耗时操作，否则会影响下一次 VSync 信号的接收时间，该线程把 VSync 信号发给 DispSyncThread 处理。

（2）DispSyncThread 线程：该线程控制 VSync 信号的发送时机，等待特定的时间后才把 VSync 信号发给 EventThread 线程。

（3）EventThread 线程：该线程控制 VSync 信号的发送节奏，只向符合条件的连接发送 VSync 信号。

6. 处理 VSync 信号

SurfaceFlinger 收到 VSync 信号后处理流程如图 4.16 所示。

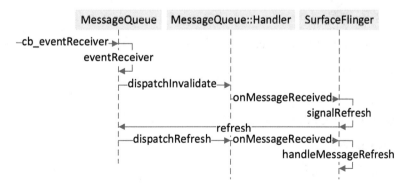

图 4.16　处理 VSync 信号流程

cb_eventReceiver 是向 Looper 添加套接字时注册的回调函数，当收到 VSync 信号后，该方法会被调用，经过一系列处理后，handleMessageRefresh 会被调用，此时开始合成图形。合成图形的内容参见 4.4.5 节。

7. Choreographer

应用进程绘制图形内容时也会依赖 VSync 信号，为了方便接收 VSync 信号，引入了 Choreographer，下面分别介绍建立连接、请求 VSync 信号和接收 VSync 信号的流程。

1）建立连接

Choreographer 初始化与事件线程建立连接，流程如图 4.17 所示。

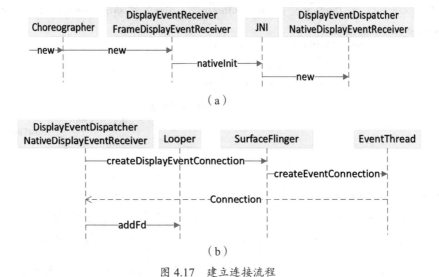

图 4.17　建立连接流程

建立连接流程解析如下。

（1）创建 Choreographer 对象时，在构造函数中会创建 FrameDisplayEventReceiver 对象，后者初始化时在 Native 层会创建 NativeDisplayEventReceiver 对象。

（2）NativeDisplayEventReceiver 初始化时向 SurfaceFlinger 请求创建连接，得到 Connection 对象后取出套接字，添加到 Looper 开始监听并接收事件。

2）请求 VSync 信号

VSync 信号申请者向 Choreographer 申请 VSync 信号需要注册回调，此时 Choreographer 开始请求 VSync 信号，流程如图 4.18 所示。

通过 postCallback 向 Choreographer 注册回调，在 postCallbackDelayedInternal 会把回调对象保存到 mCallbackQueues，接着会通过 Connection 请求 VSync 信号。

3）接收 VSync 信号

事件线程向 Choreographer 对应的连接发送 VSync 信号后，Choreographer 才会接收到 VSync 信号，接收流程如图 4.19 所示。

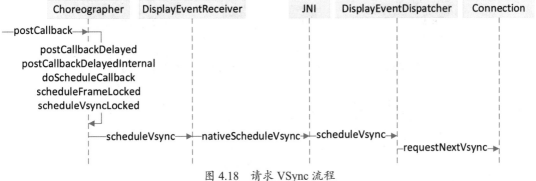

图 4.18 请求 VSync 流程

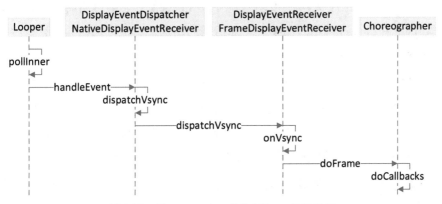

图 4.19 Choreographer 接收 VSync 信号流程

Choreographer 接收 VSync 信号的流程解析如下。

（1）NativeDisplayEventReceiver 在 handleEvent 收到 VSync 信号后，通过 dispatchVsync 传给 Java 层的 FrameDisplayEventReceiver。

（2）FrameDisplayEventReceiver 收到 VSync 信号后通过 doFrame 传给 Choreographer。

（3）Choreographer 通过回调对象将 VSync 信号传给 VSync 信号申请者。

4.4 图形合成

SurfaceFlinger 收到图形缓冲和 VSync 信号后，具备合成图形的条件，下面介绍图形合成的基本内容。

4.4.1 合成原理

图形合成是把多个图形缓冲进行混合操作得到一个新的图形缓冲的过程，下面通过一个简单的示例说明混合的过程，如图 4.20 所示。

这里对图形 Image1 和 Image2 进行混合，从而得到一个新的图形 Image。混合通常是按比例进行的，比例的大小由透明度决定，假设 Image2 覆盖 Image1，Image2 的透明度越

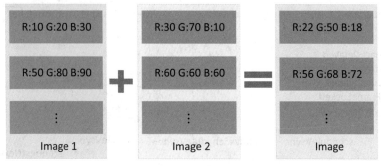

图 4.20　混合过程

小，混合时 Image2 占比越大，在极端情况下即 Image2 完全不透明时，Image 与 Image2 完全一样，因此在合成过程中，如果一个非透明的图形把其他图形挡住了，这些被挡住的图形就无须参与混合运算。

在本例中，假设混合时 Image1 占 2/5，Image2 占 3/5，以第一个像素的 R 值为例，混合计算为 10×2/5+30×3/5 =22。G 值和 B 值也需要经过同样的计算才能完成一个像素的混合，即一个像素要完成 3 次混合计算。对于大小为 600×800 的图形混合需要计算次数为 600×800×3=1440000，由此可见，图形混合是一个需要大量数值运行的过程。

这里介绍的混合计算方法只是简单说明图形混合的过程，SurfaceFlinger 并非按照该方法合成图形，而是借助 OpenGL ES 图形库来完成。OpenGL ES 可以把图形作为纹理绘制到矩形中，这些矩形按照一定顺序排序，开启混合功能，最后得到的图形缓冲是多个图形合成的结果。为了更好地理解合成的流程，下面介绍纹理和混合的使用方法。

4.4.2　纹理

纹理泛指物体面上的花纹或线条，是物体上呈现的线形纹路。使用纹理来装饰物体，可以使物体看起来更加逼真。

下面通过一个显示图片的示例说明纹理的使用方法。

1. 创建纹理对象

使用纹理前先创建纹理对象，代码如下。

```
GLuint tex;
glGenTextures(1, &tex);
glBindTexture(GL_TEXTURE_2D, tex);
glTexParameterf(GL_TEXTURE_2D, GL_TEXTURE_WRAP_S, GL_CLAMP_TO_EDGE);
glTexParameterf(GL_TEXTURE_2D, GL_TEXTURE_WRAP_T, GL_CLAMP_TO_EDGE);
glTexParameteri(GL_TEXTURE_2D, GL_TEXTURE_MIN_FILTER, GL_LINEAR);
glTexParameteri(GL_TEXTURE_2D, GL_TEXTURE_MAG_FILTER, GL_LINEAR);
glTexImage2D(GL_TEXTURE_2D, 0, GL_RGBA, info.width, info.height,
```

```
            0, GL_RGBA, GL_UNSIGNED_BYTE, addr);
glBindTexture(GL_TEXTURE_2D, GL_NONE);
```

创建纹理过程解析如下。

（1）创建纹理对象：glGenTextures 用于创建纹理对象，1 表示创建一个纹理对象，成功后纹理对象的句柄保存到 tex 中。

（2）绑定纹理对象：glBindTexture 将纹理对象绑定到目标 GL_TEXTURE_2D，绑定后对目标的操作会影响到被绑定的纹理对象。

（3）设置参数：glTexParameterf 用于设置纹理参数。参数 GL_TEXTURE_WRAP_S 设置为 GL_CLAMP_TO_EDGE 表示 S 方向超出范围 [0.0,1.0] 时使用边界的颜色。同样参数 GL_TEXTURE_WRAP_T 设置为 GL_CLAMP_TO_EDGE 表示 T 方向超出范围 [0.0,1.0] 时使用边界的颜色。参数 GL_TEXTURE_MIN_FILTER 和 GL_TEXTURE_MAG_FILTER 都设置为 GL_LINEAR 表示纹理缩小和放大的过滤方式都是线性插值。

（4）载入图形数据：glTexImage2D 将图形数据载入到纹理对象中，参数 addr 指向图形缓冲的地址。

（5）解绑纹理对象：glBindTexture 传入 GL_NONE 表示解绑纹理对象，主要目的是随后的操作对该纹理对象不产生影响。

创建纹理对象后，需要依赖着色器才能绘制出来。

2. 准备着色器

OpenGL ES 一般依赖 GPU 渲染图形，着色器（shader）是运行在 GPU 的一段小程序，用于指示 GPU 如何绘制图形。常用的着色器有顶点着色器（vertex shader）和片段着色器（fragment shader）。以下代码是用于显示图片的着色器。

```
constexpr const char* vertexShader =
        "#version 300 es \n"
        "layout(location = 0) in vec4 a_position;\n"
        "layout(location = 1) in vec2 a_texCoord;\n"
        "out vec2 v_texCoord;\n"
        "void main()\n"
        "{\n"
        "   gl_Position = a_position;\n"
        "   v_texCoord = a_texCoord;\n"
        "}\n";

constexpr const char* fragmentShader =
        "#version 300 es\n"
        "precision mediump float;\n"
```

```
"in vec2 v_texCoord;\n"
"layout(location = 0) out vec4 outColor;\n"
"uniform sampler2D s_TextureMap;\n"
"void main()\n"
"{\n"
"   outColor = texture(s_TextureMap, v_texCoord);\n"
"}\n";
```

着色器使用着色器语言（GLSL）编写，这里定义了两个着色器，vertexShader 保存的是顶点着色器，fragmentShader 是片段着色器，下面分别对它们进行讲解。

1）顶点着色器

顶点着色器对每个输入顶点执行一次。顶点着色器解析如下。

（1）a_position 是一个输入变量，用于接收顶点坐标，位置属性为 0。

（2）a_texCoord 是一个输入变量，用于接收纹理坐标，位置属性为 1。

（3）在 main 方法中，a_position 传给了内置变量 gl_Position，a_texCoord 传给输出变量 v_texCoord。

2）片段着色器

片段着色器的执行次数由光栅化过程生成的片段决定。在片段着色器中，v_texCoord 是纹理坐标，s_TextureMap 是纹理采样器，在 main 方法中调用采样函数 texture 对纹理进行采样，采样结果输出到 outColor 中。

着色器定义完成后，需要对它们进行编译才能使用，具体方法如下所示。

```
GLuint obj_vertex_shader = glCreateShader(GL_VERTEX_SHADER);
glShaderSource(obj_vertex_shader, 1, &vertexShader, nullptr);
glCompileShader(obj_vertex_shader);

GLuint obj_fragment_shader = glCreateShader(GL_FRAGMENT_SHADER);
glShaderSource(obj_fragment_shader, 1, &fragmentShader, nullptr);
glCompileShader(obj_fragment_shader);

obj_program_ = glCreateProgram();
glAttachShader(obj_program_, obj_vertex_shader);
glAttachShader(obj_program_, obj_fragment_shader);
glLinkProgram(obj_program_);
glUseProgram(obj_program_);
```

着色器的使用方法解析如下。

（1）glCreateShader：创建着色器对象。

（2）glShaderSource：着色器源码载入着色器对象。

（3）glCompileShader：编译着色器。

（4）glCreateProgram：创建程序对象。

（5）glAttachShader：着色器对象关联程序。

（6）glLinkProgram：链接程序。

（7）glUseProgram：使用程序。

通过 glUseProgram 把着色器对象关联到 OpenGL ES 图形库。

3. 绘制图形

纹理和着色器准备好以后可以调用图形库的 API 绘制图形，代码如下。

```
GLfloat verticesCoords[] = {
        -1.0f,  0.5f, 0.0f,
        -1.0f, -0.5f, 0.0f,
         1.0f, -0.5f, 0.0f,
         1.0f,  0.5f, 0.0f,
};

GLfloat textureCoords[] = {
        0.0f,  0.0f,
        0.0f,  1.0f,
        1.0f,  1.0f,
        1.0f,  0.0f
};

GLushort indices[] = { 0, 1, 2, 0, 2, 3 };
glVertexAttribPointer (0, 3, GL_FLOAT,
                    GL_FALSE, 3 * sizeof (GLfloat), verticesCoords);
glEnableVertexAttribArray (0);

glVertexAttribPointer (1, 2, GL_FLOAT,
                    GL_FALSE, 2 * sizeof (GLfloat), textureCoords);
glEnableVertexAttribArray (1);

glActiveTexture(GL_TEXTURE0);
glBindTexture(GL_TEXTURE_2D, _extureId);

GLint loc = glGetUniformLocation(obj_program_, "s_TextureMap");
glUniform1i(loc, 0);

glDrawElements(GL_TRIANGLES, 6, GL_UNSIGNED_SHORT, indices);
```

绘制纹理的流程解析如下。

（1）定义坐标：verticesCoords 为顶点坐标，textureCoords 为纹理坐标。

（2）坐标传给着色器：通过 glVertexAttribPointer 把坐标与着色器的变量关联，第 1 个参数表示位置属性，verticesCoords 关联位置属性为 0 的变量（即 a_position），textureCoords 关联位置属性为 1 的变量（即 a_texCoord）。

（3）关联纹理对象：glGetUniformLocation 获取纹理采样器 s_TextureMap 的位置，glUniform1i 使采样器绑定第 0 个纹理单元的纹理，这里只创建了一个纹理对象，默认关联到第 0 个的纹理单元。

（4）绘制：调用 glDrawElements 绘制，这一步会把图形绘制到顶点坐标指定的区域。

通过以上步骤实现了通过 OpenGL ES 将图形绘制到窗口中，完整的示例可参考附录 C。

4.4.3 混合

混合（blend）是一种可以使物体产生透明效果的技术，通过混合可以实现图形合成，OpenGL ES 自带混合功能，默认处于关闭状态，需要通过以下方法打开才能启用。

```
glEnable(GL_BLEND);
glBlendFunc(GL_SRC_ALPHA, GL_ONE_MINUS_SRC_ALPHA);
```

使用混合功能分为以下两步。

（1）开启混合：glEnable 参数传入 GL_BLEND 表示开启混合功能。

（2）设置混合因子：通过 glBlendFunc 设置混合因子。第 1 个参数是源因子，用于设置源颜色的加权。第 2 个参数是目标因子，用于设置目标颜色的加权。

源颜色指即将要合成的图形颜色，目标颜色指帧缓冲的图形颜色。针对图形合成，源因子为 GL_SRC_ALPHA，目标因子为 GL_ONE_MINUS_SRC_ALPHA，假设源颜色为 Csrc，透明度为 alpha，目标颜色为 Cdst，混合结果为 Cret = Csrc×alpha+Cdst×(1−alpha)。alpha 取值范围是 [0 ～ 1]，0 表示完全透明，混合结果只有目标颜色；1 表示完全不透明，混合结果只有源颜色。

4.4.4 渲染引擎

至此已经了解了使用 OpenGL ES 的 API 合成图形的方法。使用 OpenGL ES 的 API 之前，需要通过 EGL 的 API 初始化运行环境，下面介绍 EGL API 的使用方法。

EGL 是 OpenGL ES 和本地窗口系统（native window system）之间的通信接口。OpenGL ES

的平台无关性正是借助 EGL 实现的，EGL 屏蔽了不同平台的差异。EGL 的主要接口如下所示。

（1）eglGetDisplay：获取 EGLDisplay 对象，这一步会确定当前所使用的平台。

（2）eglInitialize：初始化驱动。

（3）eglChooseConfig：选择配置。

（4）eglCreateContext：创建 EGLContext 对象，把 OpenGL ES 看作上下文，这一步会创建一个上下文对象。

（5）eglCreateWindowSurface：根据本地窗口创建上下文可识别的 EGLSurface。在 Android 系统中，本地窗口使用 ANativeWindow 表示。

（6）eglMakeCurrent：把 EGLSurface 和 EGLContext 关联在一起，调用该接口的线程可以使用 OpenGL ES 的接口绘制图形。

（7）eglSwapBuffers：把前台缓冲与后台缓冲交换，后台缓冲变成前台缓冲。这一步会把已绘制好的图形缓冲存放到缓冲队列，从缓冲队列可得到绘制好的图形数据。

使用 EGL 和 OpenGL ES 的接口合成图形是一个烦琐的过程，为了方便使用，将 EGL 和 OpenGL ES 的相关接口封装到 RenderEngine（渲染引擎）中，SurfaceFlinger 调用渲染引擎的方法即可合成图层。

下面介绍 RenderEngine 对 EGL 和 OpenGL ES 的封装过程。

1. 创建对象

RenderEngine 的 create 方法用于创建对象，代码如下。

```
/* frameworks/native/services/surfaceflinger/renderengine/RenderEngine.cpp */
std::unique_ptr<RenderEngine> RenderEngine::create(int hwcFormat,
                                    uint32_t featureFlags) {
    EGLDisplay display = eglGetDisplay(EGL_DEFAULT_DISPLAY);
    if (!eglInitialize(display, nullptr, nullptr)) {}
    EGLConfig config = EGL_NO_CONFIG;
    config = chooseEglConfig(display, hwcFormat, /*logConfig*/ true);
    EGLContext ctxt = eglCreateContext(display, config, nullptr,
                                    contextAttributes.data());
    std::unique_ptr<RenderEngine> engine;
    engine = std::make_unique<GLES20RenderEngine>(featureFlags);
    engine->setEGLHandles(display, config, ctxt);
    return engine;
}
```

create 主要创建以下对象。

（1）调用 eglGetDisplay 得到 EGLDisplay 对象 display。

（2）调用 eglCreateContext 得到 EGLContext 对象 ctxt。

（3）通过 make_unique 创建 GLES20RenderEngine 对象 engine。

display 和 ctxt 通过 setEGLHandles 保存到 engine 中。

2. 创建窗口对象

Surface 根据本地窗口对象创建 EGLSurface 对象，代码如下。

```
void Surface::setNativeWindow(ANativeWindow* window) {
    mWindow = window;
    if (mWindow) {
        mEGLSurface = eglCreateWindowSurface(mEGLDisplay, mEGLConfig,
                                             mWindow, nullptr);
    }
}
```

setNativeWindow 调用 eglCreateWindowSurface 创建 EGLSurface 对象 mEGLSurface。

3. 窗口与上下文关联

渲染引擎收到 EGLSurface 和 EGLContext 对象时将两者关联起来，代码如下。

```
bool RenderEngine::setCurrentSurface(const android::RE::impl::Surface& surface) {
    EGLSurface eglSurface = surface.getEGLSurface();
    if (eglSurface != eglGetCurrentSurface(EGL_DRAW)) {
        success = eglMakeCurrent(mEGLDisplay, eglSurface, eglSurface,
                                 mEGLContext) == EGL_TRUE;
    }
}
```

在 setCurrentSurface 中，通过 eglMakeCurrent 将 EGLSurface 与 EGLContext 进行关联，EGLSurface 代表本地窗口，EGLContext 代表图形库，关联的目的是将本地窗口的图形缓冲设置到图形库。

4. 绘制图形

GLES20RenderEngine 的 drawMesh 用于绘制图形，代码如下。

```
/* frameworks/native/services/surfaceflinger/renderengine/
   GLES20Render Engine.cpp */
void GLES20RenderEngine::drawMesh(const Mesh& mesh) {
    glDrawArrays(mesh.getPrimitive(), 0, mesh.getVertexCount());
}
```

在 drawMesh 中调用 glDrawArrays 绘制图形，参数 Mesh 包含了顶点信息。

5. 交换缓冲

绘制完成后调用 swapBuffers 交换缓冲，代码如下。

```
/* frameworks/native/services/surfaceflinger/renderengine/Surface.cpp */
void Surface::swapBuffers() const {
    if (!eglSwapBuffers(mEGLDisplay, mEGLSurface)) {}
}
```

在 swapBuffers 方法中，调用 eglSwapBuffers 交换缓冲，这一步会从上下文取出绘制好的图形缓冲并添加到缓冲队列，同时为上下文设置新的图形缓冲。

4.4.5　合成流程

SurfaceFlinger 收到 VSync 信号后调用 handleMessageRefresh 刷新屏幕，刷新屏幕的主要工作是准备帧缓冲并将它传递到显示设备，流程如下。

```
/*frameworks/native/services/surfaceflinger/SurfaceFlinger.cpp */
void SurfaceFlinger::handleMessageRefresh() {
    preComposition(refreshStartTime);
    rebuildLayerStacks();
    setUpHWComposer();
    doComposition();
    postComposition(refreshStartTime);
}
```

刷新屏幕的流程解析如下。

（1）preComposition：合成前的预处理，主要检查是否有图层有更新，如果有，则开始请求 VSync 信号。

（2）rebuildLayerStacks：重建图层，把参与合成的图层挑选出来。

（3）setUpHWComposer：通过硬件混合渲染器合成图形。

（4）doComposition：通过图形库合成图形。

（5）postComposition：合成后的收尾工作，如释放图层中已经处理过的图形缓冲。

请求 VSync 信号和释放缓冲的流程已经介绍过，下面主要介绍重建图层和合成图形的流程。

1. 重建图层

图形合成是一个计算量比较大的过程，一些不可见的图层不应该参与合成操作，否则会浪费大量资源。在图形合成前先把可见的图层挑选出来，并按照前后顺序进行排序，这是 rebuildLayerStacks 要完成的工作，代码如下。

```
/*frameworks/native/services/surfaceflinger/SurfaceFlinger.cpp */
void SurfaceFlinger::rebuildLayerStacks() {
        for (size_t dpy=0 ; dpy<mDisplays.size() ; dpy++) {
            Vector<sp<Layer>> layersSortedByZ;
            const sp<DisplayDevice>& displayDevice(mDisplays[dpy]);
            computeVisibleRegions(displayDevice, dirtyRegion,
                                    opaque Region);
            mDrawingState.traverseInZOrder([&](Layer* layer) {
                    if (layer->belongsToDisplay(displayDevice->getLayerStack(),
                                displayDevice->isPrimary())) {
                        Region drawRegion(tr.transform(
                            layer->visibleNonTransparentRegion));
                        drawRegion.andSelf(bounds);
                        if (!drawRegion.isEmpty()) {
                            layersSortedByZ.add(layer);
                        }
                    }
            });
        }
        displayDevice->setVisibleLayersSortedByZ(layersSortedByZ);
    }
}
```

重建图层流程解析如下。

（1）针对每个显示设备，调用 computeVisibleRegions 计算每个图层的可见区域。

（2）遍历所有图层，把可见的图层挑选出来并保存到 layersSortedByZ。

（3）把 layersSortedByZ 保存到显示设备 displayDevice。

重建图层后，每个显示设备都得到属于自己的可见图层，接下来对这些图层执行合成操作。

2. 使用硬件混合渲染器合成

调用 setUpHWComposer 尝试使用硬件混合渲染器合成，流程如图 4.21 所示。

setUpHWComposer 调用流程分为以下 3 步。

（1）createHwcLayer（创建 HWC 图层）：通过接口 createLayer 请求创建 HWC 图层，每个缓冲图层对应一个 HWC 图层。

（2）setPerFrameData（设置缓冲数据）：通过接口 setLayerBuffer 把缓冲图层的图形缓冲传给对应的 HWC 图层。

（3）prepareFrame（准备帧数据）：通过接口 presentOrValidateDisplay 通知 HWC 准备

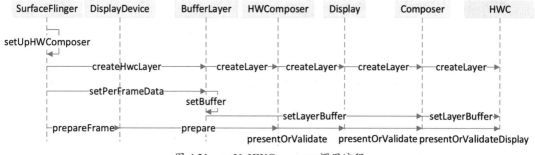

图 4.21　setUpHWComposer 调用流程

帧数据并显示。

3.4.3 节已经介绍过这 3 个接口的流程，通过这些接口可实现使用硬件混合渲染器合成图形。

3. 使用图形库合成

如果不支持使用硬件混合渲染器合成图形，还可以调用 doComposition 通过 OpenGL ES 图形库进行合成，合成过程分为以下 3 部分。

1）绘制图形

绘制图形是指将图层的图形缓冲通过图形库绘制到帧缓冲，流程如图 4.22 所示。

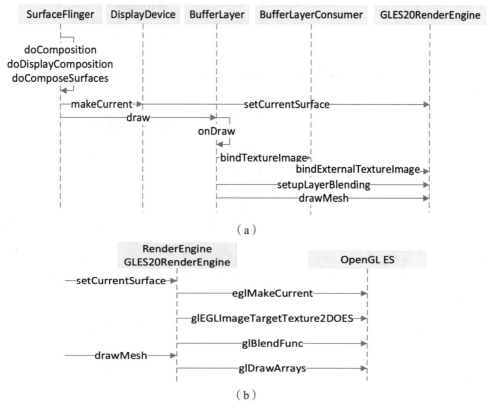

图 4.22　绘制图形流程

89

绘制图形有以下 4 个步骤。

（1）绑定本地窗口：在 setCurrentSurface 这一步，调用 eglMakeCurrent 将图形库与本地窗口绑定。

（2）载入纹理：在 bindExternalTextureImage 中调用 glEGLImageTargetTexture2DOES 将图形缓冲载入到纹理对象中。

（3）开启混合：在 setupLayerBlending 这一步开启混合功能并设置混合因子。

（4）绘制：在 drawMesh 中，调用 glDrawArrays 执行绘制操作。

通过以上 4 步，图层中的图形内容绘制到帧缓冲中，帧缓冲保存的是图层合成的结果。

2）处理帧缓冲

绘制完图形后，接下来取出帧缓冲并把它传给 HWC 进程，处理帧缓冲的流程如图 4.23 所示。

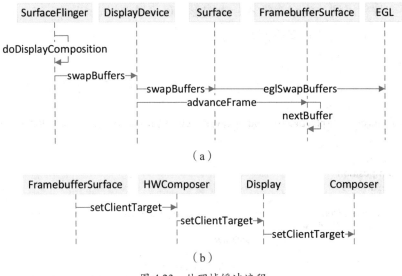

图 4.23　处理帧缓冲流程

处理帧缓冲流程解析如下。

（1）Surface 处理 swapBuffers 请求时，调用 eglSwapBuffers 交换缓冲，此时绘制好的图形缓冲会添加到缓冲队列中。

（2）FramebufferSurface 处理 nextBuffer 请求时，通过 acquireBufferLocked 从缓冲队列取出缓冲，该缓冲正是帧缓冲。

（3）Composer 处理 setClientTarget 请求时会把帧缓冲传递到 HWC 进程。

3）显示帧缓冲

帧缓冲传递到 HWC 进程后，还需要通知 HWC 进程把帧缓冲传递到显示驱动，通知流程如图 4.24 所示。

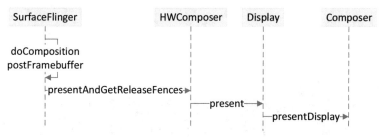

图 4.24　通知显示帧缓冲流程

HWC 将帧缓冲传给显示驱动后，帧缓冲的图形内容才能在屏幕中显示。

4.5　本章小结

本章主要介绍 SurfaceFlinger 的工作流程，分为四部分：第 1 部分介绍图形流消费者与其他图形组件的关系；第 2 部分介绍图层，主要介绍图层的结构以及通过图层传递图形缓冲的流程；第 3 部分介绍接收 VSync 信号的产生及分发流程，SurfaceFlinger 收到 VSync 信号才开始合成图形缓冲；第 4 部分介绍合成图形的原理及流程。

第5章　窗口位置管理

5.1　简介

在图形显示系统框架中，窗口位置管理是图形流消费者的客户端，是图形流生产者的服务端。窗口位置管理中的窗口与图形流消费者中的图层有对应关系，窗口位置管理通过窗口控制图层的状态。窗口位置管理为图形流生产者提供用于生产图形的窗口。

在 Android 系统中由 WindowManagerService（WMS）承担窗口位置管理的角色，下面开始介绍它的内容。

5.1.1　WMS

WMS 是一个系统服务，运行于 system server 进程，系统启动时便启动该服务，代码如下。

```
/* frameworks/base/services/java/com/android/server/SystemServer.java */
public final class SystemServer  {
    private void startOtherServices() {
            wm = WindowManagerService.main(context, inputManager,
                    mFactoryTestMode != FactoryTest.FACTORY_TEST_LOW_LEVEL,
                    !mFirstBoot, mOnlyCore, new PhoneWindowManager());
            ServiceManager.addService(Context.WINDOW_SERVICE, wm,
                    /* allowIsolated= */ false,
                    DUMP_FLAG_PRIORITY_CRITICAL | DUMP_FLAG_PROTO);
    }
}
```

WMS 启动过程比较简单，主要为创建 WMS 对象并添加到服务管理进程。启动完成后客户进程才能与 WMS 建立通信连接。

5.1.2 客户进程与 WMS 交互

WMS 的客户进程指的是应用进程，在应用进程中由 WindowManagerGlobal 负责与
WMS 建立通信连接，代码如下。

```
/* frameworks/base/core/java/android/view/WindowManagerGlobal.java */
public final class WindowManagerGlobal {
    public static IWindowManager getWindowManagerService() {
            sWindowManagerService = IWindowManager.Stub.asInterface(
                    ServiceManager.getService("window"));
    }
    public static IWindowSession getWindowSession() {
        IWindowManager windowManager = getWindowManagerService();
        sWindowSession = windowManager.openSession(...);
    }
}
```

WindowManagerGlobal 与 WMS 建立通信连接分为以下两步。

（1）在 getWindowManagerService 中向服务管理进程查询得到 IWindowManager
对象。

（2）在 getWindowSession 中调用 IWindowManager 对象的接口方法 openSession 得到
IWindowSession 对象。客户进程主要通过 IWindowSession 对象与 WMS 交互。

WMS 收到 openSession 请求时创建 Session 对象，代码如下。

```
public class WindowManagerService extends IWindowManager.Stub
    public IWindowSession openSession(IWindowSessionCallback callback,
            IInputMethodClient client,
            IInputContext inputContext) {
        Session session = new Session(this, callback, client, inputContext);
        return session;
    }
}
```

openSession 创建 Session 对象并返回，这里使用 Binder 通信模式中的客户模式，通过
不同的 Session 对象区分不同的客户进程。

应用进程通过 IWindowSession 对象向 Session 发送请求，Session 收到请求后交给
WMS 处理。

5.1.3 WMS 与 SurfaceFlinger 交互

WMS 作为客户进程与 SurfaceFlinger 交互，两者的通信连接如图 5.1 所示。

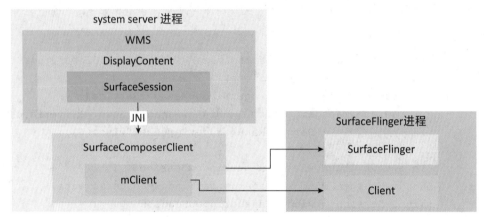

图 5.1　WindowManager 与 SurfaceFlinger 的通信连接

WMS 与 SurfaceFlinger 建立通信连接的过程解析如下。

（1）DisplayContent 是 WMS 的成员，创建该对象时会创建 SurfaceSession 对象。

（2）SurfaceSession 对初始化时调用 nativeCreate 创建 SurfaceComposerClient 对象，并把该对象的地址保存到 mNativeClient 中。

（3）每创建一个 SurfaceComposerClient 对象，SurfaceFlinger 进程都会创建一个 Client 对象与它对应。

WMS 与 SurfaceFlinger 交互时，先从 SurfaceSession 取出 SurfaceComposerClient 对象的地址，再调用该对象的方法向 SurfaceFlinger 发送请求。

5.2　窗口

窗口可以理解为屏幕中的一个显示单元，用于向图层传递信息。WMS 通过窗口向图层传递窗口元数据，从而改变图层的状态，在 WMS 中窗口是指 SurfaceControl。

5.2.1　创建窗口

管理窗口主要是对窗口的生命周期和状态进行管理，生命周期指窗口从创建到销毁的整个过程。窗口的创建流程如图 5.2 所示。

创建窗口流程解析如下。

（1）这里使用建造者模式，通过建造者 Builder 创建 Java 层 SurfaceControl 对象。

（2）在 nativeCreate 中，从 SurfaceSession 对象中获取 SurfaceComposerClient 对象地址，调用其方法 createSurfaceChecked 得到 Native 层的 SurfaceControl 对象。

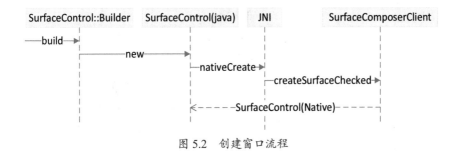

图 5.2　创建窗口流程

（3）native 层 SurfaceControl 对象的地址保存到 Java 层的 SurfaceControl 对象中。

WMS 创建 SurfaceControl 对象，会触发 SurfaceFlinger 创建图层，SurfaceControl 的主要功能是控制对应图层的状态。

5.2.2　窗口容器

通过 SurfaceControl 可以设置两个图层的父子关系，但是无法判断两个 SurfaceControl 是否存在父子关系。为了方便管理窗口，WMS 引入了窗口容器，结构定义如下。

```
class WindowContainer<E extends WindowContainer>
        extends Configuration Container<E>
        implements Comparable<WindowContainer>, Animatable {
  protected SurfaceControl mSurfaceControl;
  protected final WindowList<E> mChildren = new WindowList<E>();
}
```

窗口容器主要包含以下两个成员。

（1）mSurfaceControl 保存窗口。

（2）mChildren 保存子窗口容器。

当前窗口容器中的窗口与子窗口容器中的窗口形成父子关系。所有窗口容器排序在一起会形成窗口容器树，如图 5.3 所示。

窗口容器树解析如下。

（1）窗口容器不一定包含窗口，例如根节点的窗口容器没有包含窗口。

（2）一个窗口容器可以包含多个窗口。

（3）两个窗口容器存在父子关系，容器中的窗口对象通常也存在父子关系。

WMS 构建窗口容器树后，从树根开始可以遍历所有的窗口。借助于窗口容器树，WMS 可以很方便地管理图层，例如要移除某个图层及其子图层，只要在窗口容器树找到对应的窗口，把该窗口对应的窗口容器及子窗口容器从窗口容器树移除即可。

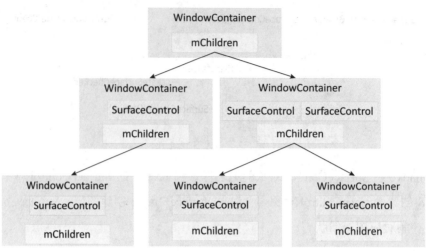

图 5.3　窗口容器树

5.2.3　控制窗口

通过 SurfaceControl 可以把窗口元数据传递到图层，从而改变图层的状态。传递窗口元数据的流程如图 5.4 所示。

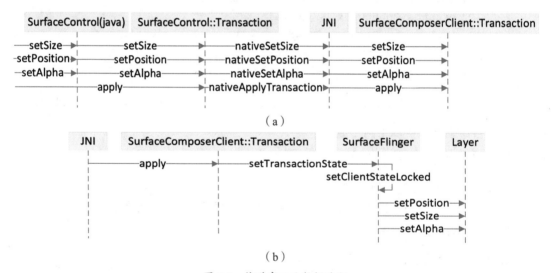

图 5.4　传递窗口元数据流程

传递窗口元数据流程解析如下。

（1）SurfaceControl 提供改变窗口状态的方法，如 setSize 设置窗口的大小，setPosition 设置窗口位置，setAlpha 设置窗口透明度，这些被设置的信息称为窗口元数据。

（2）窗口元数据传到 SurfaceComposerClient 的 Transaction 时先保存起来，直到调用 apply 时才把被设置过的窗口元数据一次性传给 SurfaceFlinger。

（3）SurfaceFlinger 处理 setClientStateLocked 时，从参数 ComposerState 取出 Client 对象和图层的句柄，通过查询得到 Layer 对象，接着提取出窗口元数据并设置到 Layer 对象中。

5.3 窗口容器树

系统启动时，WMS 会根据不同维度的信息创建窗口容器节点，最终形成窗口容器树。本节主要介绍显示应用界面时需要创建的窗口容器及窗口。

5.3.1 DisplayContent

在图形显示系统中，图形数据最终要传递到显示设备才能显示出来，为了区别不同的显示设备，WMS 引入了窗口容器 DisplayContent，每个 DisplayContent 对象代表一个显示设备。系统启动时开始创建 DisplayContent 对象，流程如图 5.5 所示。

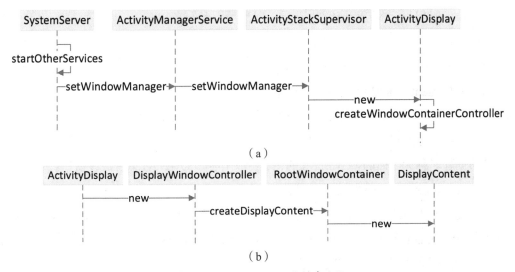

图 5.5　DisplayContent 的创建流程

DisplayContent 的创建流程解析如下。

（1）启动服务时 SystemServer 把 WMS 对象传给 ActivityManagerService（AMS）对象，AMS 可以直接与 WMS 交互。

（2）ActivityStackSupervisor 处理 setWindowManager 请求时，会查询当前处于工作状态的显示设备，并为每个显示设备创建 ActivityDisplay 对象。

（3）ActivityDisplay 初始化时通过 DisplayWindowController 创建 DisplayContent。

DisplayContent 在构造函数中创建窗口，代码如下。

```
/* frameworks/base/services/core/java/com/android/server/wm/DisplayContent.java */
class DisplayContent extends
    WindowContainer<DisplayContent.Display ChildWindowContainer> {
  DisplayContent(...) {
    final SurfaceControl.Builder b = mService.makeSurfaceBuilder(mSession)
            .setSize(mSurfaceSize, mSurfaceSize)
            .setOpaque(true);
    mWindowingLayer = b.setName("Display Root").build();
    mOverlayLayer = b.setName("Display Overlays").build();

    getPendingTransaction().setLayer(mWindowingLayer, 0)
            .setLayerStack(mWindowingLayer, mDisplayId)
            .show(mWindowingLayer)
            .setLayer(mOverlayLayer, 1)
            .setLayerStack(mOverlayLayer, mDisplayId)
            .show(mOverlayLayer);
    getPendingTransaction().apply();
    mService.mRoot.addChild(this, null);
  }
}
```

DisplayContent 在构造函数中完成以下工作。

（1）创建名称为 Display Root 的窗口并保存到 mWindowingLayer，该窗口显示应用、墙纸、状态栏、导航栏和输入法的界面。

（2）创建名称为 Display Overlays 的窗口并保存到 mOverlayLayer，该窗口显示特殊的图形内容，如快捷按钮、屏幕旋转动画等。

（3）设置 mWindowingLayer 和 mOverlayLayer 的前后顺序，mWindowingLayer 的 layer 设置为 0，mOverlayLayer 的 layer 设置为 1，mOverlayLayer 排在 mWindowingLayer 的前面，前者的图形界面会覆盖后者的图形界面。

（4）把 DisplayContent 设置为 RootWindowContainer 的子窗口容器。

RootWindowContainer 是窗口容器树的根节点，WMS 初始化时就创建该对象。DisplayContent 与 RootWindowContainer 的关系如图 5.6 所示。

DisplayContent 与 RootWindowContainer 的关系解析如下。

（1）DisplayContent 是 RootWindowContainer 的子窗口容器，RootWindowContainer 可以包含多个 DisplayContent。

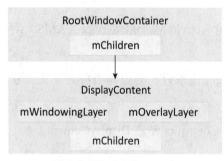

图 5.6　DisplayContent 与
RootWindowContainer 的关系

（2）RootWindowContainer 没有包含窗口，DisplayContent 包含两个窗口，这两个窗口没有父窗口。

5.3.2　DisplayChildWindowContainer

DisplayContent 的 子 窗 口 容 器 为 DisplayChildWindowContainer， 创 建 DisplayContent 对象时也创建了子窗口容器，代码如下。

```
/* frameworks/base/services/core/java/com/android/server/wm/
   Display Content.java */
class DisplayContent{
    private final NonAppWindowContainers mBelowAppWindowsContainers =
                new NonAppWindowContainers("mBelowAppWindowsContainers",
                                            mService);
    private final TaskStackContainers mTaskStackContainers =
                                new TaskStackContainers (mService);
    private final AboveAppWindowContainers mAboveAppWindowsContainers =
                new AboveAppWindowContainers("mAboveAppWindowsContainers",
                                            mService);
    private final NonMagnifiableWindowContainers mImeWindowsContainers =
                new NonMagnifiableWindowContainers("mImeWindowsContainers",
                                                mService);
    DisplayContent(...) {
        super.addChild(mBelowAppWindowsContainers, null);
        super.addChild(mTaskStackContainers, null);
        super.addChild(mAboveAppWindowsContainers, null);
        super.addChild(mImeWindowsContainers, null);
    }
    @Override
    SurfaceControl.Builder makeChildSurface(WindowContainer child) {
        return b.setName(child.getName())
                .setParent(mWindowingLayer);
    }
}
```

DisplayContent 创建以下 4 个子窗口容器。

（1）NonAppWindowContainers：用于显示墙纸。

（2）TaskStackContainers：用于显示应用界面。

（3）AboveAppWindowContainers：用于显示状态栏、导航栏。

（4）NonMagnifiableWindowContainers：用于显示输入法。

以上 4 个子窗口容器都继承于 DisplayChildWindowContainer，调用 addChild 后将

DisplayContent 作为父窗口容器。子窗口容器创建窗口时，将 mWindowingLayer 设置为父窗口。下面以 TaskStackContainers 为例说明 DisplayContent 与子窗口容器的关系，如图 5.7 所示。

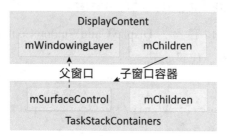

图 5.7 DisplayContent 与 TaskStackContainers 的关系

DisplayContent 是 TaskStackContainers 的父窗口容器，DisplayContent 可以包含多个子窗口容器。TaskStackContainers 中 mSurfaceControl 的父窗口是 mWindowingLayer。

TaskStackContainers 负责显示应用界面，接下来介绍它的子窗口容器。

5.3.3 TaskStack

在 Android 系统中，按返回键会返回前一个页面。为了实现该功能，AMS 通过 ActivityStack 管理页面的跳转关系，WMS 会根据 ActivityStack 创建窗口容器 TaskStack，创建流程如图 5.8 所示。

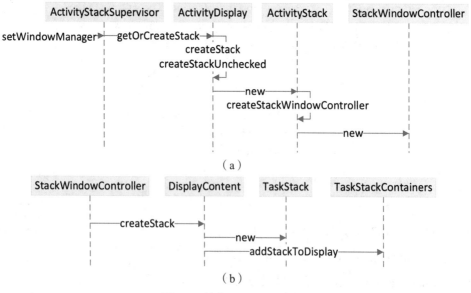

图 5.8 创建 TaskStack 流程

创建 TaskStack 流程解析如下。

（1）ActivityDisplay 处理 createStackUnchecked 时创建 ActivityStack 对象。

（2）ActivityStack 初始化时通过 StackWindowController 创建 TaskStack 对象，并将 TaskStackContainers 设置为它的父窗口容器。

TaskStack 与 TaskStackContainers 的关系如图 5.9 所示。

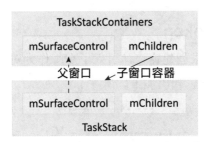

图 5.9　TaskStack 与 TaskStackContainers 的关系

TaskStackContainers 是 TaskStack 的父窗口容器，一个 TaskStackContainers 可以包含多个 TaskStack。TaskStackContainers 和 TaskStack 的 mSurfaceControl 都是父类 WindowContainer 的成员，当 TaskStackContainers 与 TaskStack 建立父子关系时，它们的 mSurfaceControl 也建立父子关系。

5.3.4　Task

任务是任务栈中的元素，与应用进程的 Activity 存在对应关系，WMS 根据 Activity 创建窗口容器 Task，创建流程如图 5.10 所示。

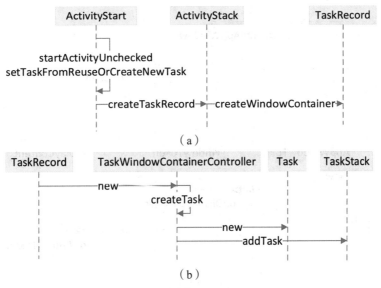

图 5.10　创建 Task 的流程

创建 Task 的流程解析如下。

（1）AMS 使用 TaskRecord 表示任务，由 ActivityStack 创建 TaskRecord 对象。

（2）WMS 使用 Task 表示任务，TaskRecord 通过 TaskWindowContainerController 创建 Task 对象，并将 TaskStack 设置为父窗口容器。

TaskStack 与 Task 存在父子关系，它们的窗口也存在父子关系。

5.3.5 AppWindowToken

为了能够让应用进程请求创建窗口，引入了令牌作为对接层。ActivityRecord 在构造函数中创建了令牌对象 Token，代码如下。

```
final class ActivityRecord extends ConfigurationContainer
                           implements AppWindowContainerListener {
    ActivityRecord() {
        appToken = new Token(this, _intent);
    }
}
```

Token 是一个 Binder 对象，可以跨进程传输。WMS 根据 Token 创建窗口容器 AppWindowToken，创建流程如图 5.11 所示。

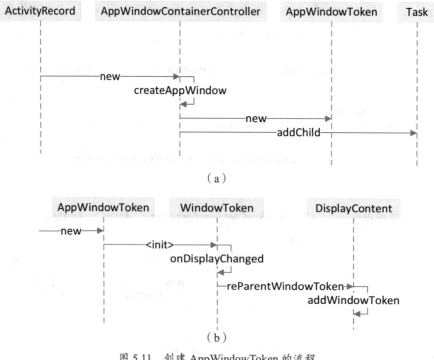

（a）

（b）

图 5.11　创建 AppWindowToken 的流程

创建 AppWindowToken 的流程解析如下。

（1）ActivityRecord 通过 AppWindowContainerController 创建 AppWindowToken，并将

Task 设置为父窗口容器。

（2）AppWindowToken 和 Token 保存到 DisplayContent，通过 Token 向 DisplayContent 查询可得到 AppWindowToken。

Task 与 AppWindowToken 存在父子关系，它们的窗口也存在父子关系。

5.3.6 WindowState

应用显示界面时会添加视图，此时会请求 WMS 创建窗口容器 WindowState，创建流程如图 5.12 所示。

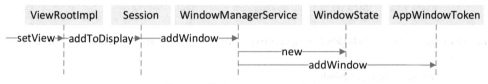

图 5.12 创建 WindowState 流程

创建 WindowState 流程解析如下。

（1）ViewRootImpl 处理 setView 请求时会请求 WMS 创建 WindowState，在第 6 章将可知 setView 设置的是 DecorView，由此可见 WindowState 对应于 DecorView。

（2）WMS 创建 WindowState 后，将 AppWindowToken 设置为父窗口容器。

在 addWindow 中会通过 Token 查找 AppWindowToken 对象，代码如下。

```
/*frameworks/base/services/core/java/com/android/server/wm/
  WindowManager Service.java*/
public class WindowManagerService extends IWindowManager.Stub
      implements Watchdog.Monitor, WindowManagerPolicy.WindowManagerFuncs {
   public int addWindow(...) {
      final DisplayContent displayContent =
                  getDisplayContentOrCreate (displayId);
      WindowToken token = displayContent.getWindowToken(
                  hasParent ? parentWindow.mAttrs.token : attrs.token);
      final AppWindowToken aToken = token.asAppWindowToken();
      final WindowState win = new WindowState(this, session, client, token,
                  parentWindow,
                  appOp[0], seq, attrs, viewVisibility, session.mUid,
                  session.mCanAddInternalSystemWindow);
      win.mToken.addWindow(win);
      mWindowMap.put(client.asBinder(), win);
   }
}
```

查找 AppWindowToken 的过程解析如下。

（1）应用进程可以从 AMS 获取到 Token 对象，通过 addToDisplay 把该对象传到 WMS。

（2）WMS 通过 Token 对象从 DisplayContent 查询得到 WindowToken 对象。

（3）把 WindowToken 对象转换为 AppWindowToken 对象。

AppWindowToken 与 WindowState 存在父子关系，它们的窗口也存在父子关系。

5.3.7　SurfaceControl

前面介绍的窗口容器都创建了窗口，这些窗口主要为了构建窗口树，并不用于生产图形。下面介绍用于生产图形的窗口的创建流程，如图 5.13 所示。

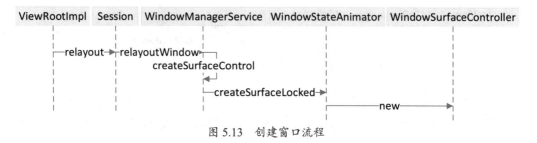

图 5.13　创建窗口流程

创建窗口流程解析如下。

（1）ViewRootImpl 在绘制图形之前，通过 relayout 请求 WMS 创建窗口。

（2）WMS 收到请求后，由 WindowSurfaceController 创建窗口，并将 WindowState 中的窗口设置为该窗口的父窗口。

WindowSurfaceController 与 WindowState 的关系如图 5.14 所示。

图 5.14　WindowSurfaceController 与 WindowState 的关系

WindowSurfaceController 不是窗口容器，WindowState 与它不构成父子关系。WindowState 的 mSurfaceControl 和 WindowSurfaceController 的 mSurfaceControl 构成父子关系。

WMS 创建窗口后，把窗口传回客户进程，主要分为以下 3 个阶段。

1. 关联窗口

Session 收到 relayout 请求时，在 Java 层创建了 Surface 对象。WindowSurfaceController

创建 SurfaceControl 对象后，将 SurfaceControl 关联到 Surface 对象，流程如图 5.15 所示。

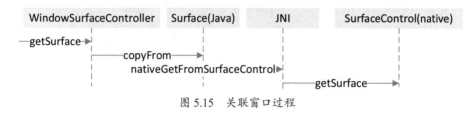

图 5.15　关联窗口过程

关联窗口过程解析如下。

（1）从 WindowSurfaceController 可得到 Java 层的 SurfaceControl 对象。

（2）从 Java 层 SurfaceControl 对象可得到 Native 层的 SurfaceControl 对象。

（3）从 Native 层 SurfaceControl 对象可得到 Native 层的 Surface 对象。

（4）Native 层 Surface 对象的地址保存到 Java 层的 Surface 对象。

关联窗口后，Java 层的 Surface 持有 Native 层的 Surface 对象的地址。

2. 序列化

为了将 Surface 传回客户进程，先将它的关键信息序列化到 Parcel 中，序列化过程如图 5.16 所示。

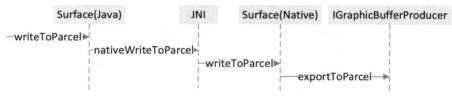

图 5.16　Surface 序列化过程

Surface 序列化过程主要将 Native 层 Surface 中的 IGraphicBufferProducer 保存到 Parcel 中。IGraphicBufferProducer 对象是一个 Binder 代理对象，可以跨进程传输。

3. 反序列化

客户进程收到 Parcel 后，通过反序列化可从 Parcel 取出 IGraphicBufferProducer 对象，反序列化过程如图 5.17 所示。

图 5.17　反序列化过程

反序列化过程解析如下。

（1）客户进程收到 Java 层的 Parcel 交给 Java 层的 Surface 处理。

（2）根据 Java 层的 Parcel 可得到 Native 层的 Parcel。

（3）根据 Native 层的 Parcel 可得到 IGraphicBufferProducer 对象。

（4）根据 IGraphicBufferProducer 对象创建 Native 层的 Surface 对象。

（5）Native 层 Surface 对象地址保存到 Java 层的 Surface 对象。

经过反序列化后，客户进程的 Java 层的 Surface 对象也持有 Native 层的 Surface 对象的地址，可以申请图形缓冲，有了图形缓冲就能保存图形数据。

5.4 窗口切换

WMS 可以控制窗口的显示状态，下面从窗口切换的角度进一步介绍它的工作流程。

5.4.1 切换原理

切换窗口可以简单理解为隐藏旧窗口、显示新窗口的过程。SurfaceControl 提供的方法 hide 用于隐藏窗口，方法 show 用于显示窗口，方法 setLayer 和 setLayerStack 用于改变窗口的前后顺序。

在 WMS 中，WindowSurfacePlacer 承担窗口切换的任务，当窗口的状态有变化时，会遍历窗口容器树的各个窗口容器并改变窗口容器中窗口的可见状态，如图 5.18 所示。

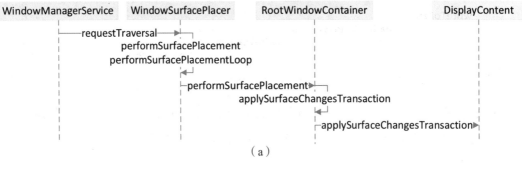

（a）

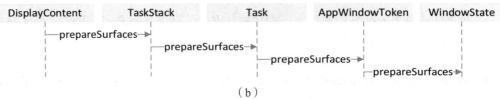

（b）

图 5.18　改变窗口可见状态的流程

改变窗口可见状态的流程解析如下。

（1）在窗口容器树中通过 prepareSurfaces 遍历窗口容器。

（2）窗口容器处理 prepareSurfaces 时，通过 show 或者 hide 改变窗口的显示状态。

5.4.2 切换动画

在窗口切换过程中，如果只是简单地改变窗口的显示状态，显示效果是从一个画面直接跳转到另一个画面，那么给用户的感觉不是很好。为了提升用户体验，需要在窗口切换过程中加入切换动画。

1. 动画原理

动画是在特定的时间内不断改变目标的属性，使显示画面逐渐变化，给用户呈现动态的画面。对于窗口动画，主要通过窗口改变图层的属性，图层的属性发送了变化，经过合成后的显示效果也会发生改变。常见属性有透明度、大小、位置等。

动画更新的频率不能过快也不能过慢，过快会导致有的动画帧未显示出来，出现跳跃的画面，过慢会导致前后两个动画帧不变的情况，出现画面卡顿现象。为了避免动画刷新过快或者过慢的问题，可以从 Choreographer 获取 VSync 信号，根据 VSync 信号准备动画帧。

2. 动画窗口

动画要改变窗口的属性，如果以现有的窗口作为目标，改变属性后不好恢复为原来的状态。为了解决这个问题，WMS 引入了动画窗口 leash，把 leash 窗口设置为目标窗口的父窗口，改变 leash 窗口的属性同样会影响子窗口的显示效果，下面以透明度进行说明。

通过窗口可改变图层的透明度，改变图层的透明度后，通过 getAplha 获取图层的透明度，代码如下。

```
half Layer::getAlpha() const {
    const auto& p = mDrawingParent.promote();
    half parentAlpha = (p != nullptr) ? p->getAlpha() : 1.0_hf;
    return parentAlpha * getDrawingState().color.a;
}
```

获取图层的透明度时，返回的是当前图层的 Alpha 值与父图层的 Alpha 值相乘后的结果，由此可见，父图层的透明度发生改变后，子图层的透明效果也会发生改变。

5.4.3 切换流程

下面结合示例说明窗口的切换流程。在桌面应用界面单击应用图标，会启动应用并显示该应用的图形界面，下面主要介绍应用启动过程中窗口的变化过程。窗口切换前界面如图 5.19 所示。

窗口切换前界面由以下 4 部分组成。

图 5.19　窗口切换前的界面

（1）状态栏：显示时间、网络信号等。

（2）墙纸：显示墙纸图片。

（3）桌面应用：显示应用图标。

（4）导航栏：显示了三个按键，分别是返回键、主页键和最近任务键。

切换前的窗口结构如图 5.20 所示。

窗口结构解析如下。

（1）图中的每一项代表窗口名称，由于篇幅的限制，这里对窗口名称作了简化。每一列的最后两个窗口名称比较相似，为了区分这两个窗口，在倒数第二个窗口的名称前加下画线。

（2）图中显示的都是可见的窗口，一共有 4 列，每一列只有最后一行的窗口绘制图形，如墙纸的图形由窗口 ImageWallpaper 绘制。

Display Root			
mBelowAppWindowsContainers	TaskStackContainers	mAboveAppWindowsContainers	
WallpaperWindowToken	TaskStack	WindowToken	WindowToken
_ImageWallpaper	Task	_StatusBar	_NavigationBar
ImageWallpaper	AppWindowToken	StatusBar	NavigationBar
	_Launcher		
	Launcher		

图 5.20　切换前的窗口结构

（3）排列顺序会影响窗口的前后顺序，越靠左，窗口离用户的眼睛越远，越容易被其他窗口挡住，如 Launcher 窗口的内容会覆盖 ImageWallpaper 窗口的内容。

（4）Launcher 对应桌面应用的窗口，这一列有 7 层窗口，在 5.3 节已经介绍过这些窗口的创建过程。

打开新应用时，主要是 TaskStackContainers 的子窗口发生改变，接下来只关注该窗口的子窗口的变化过程。在桌面应用界面中单击 Demo 应用的图标后，开始启动该应用，启动过程分为以下 5 个阶段。

1. 隐藏 Launcher 应用的窗口

启动 Demo 应用时，开始隐藏 Launcher 窗口，此时会启动动画，让 Launcher 窗口慢慢地消失，这里把隐藏窗口动画称为窗口淡出动画，流程如图 5.21 所示。

图 5.21　启动 Launcher 窗口淡出动画

启动 Launcher 窗口淡出动画解析如下。

（1）在 WMS 中，mClosingApps 保存将要隐藏的应用窗口，mOpeningApps 保存将要显示的应用窗口。

（2）启动 Demo 应用时，Launcher 应用的窗口将要隐藏起来，对应的 AppWindowToken 会保存到 mClosingApps 中。

（3）WindowSurfacePlacer 处理 mClosingApps 时将 Launcher 应用的 AppWindowToken 设置为隐藏状态，此时开始启动窗口淡出动画。

窗口淡出动画启动后，TaskStackContainers 分支的窗口结构如图 5.22 所示。

图 5.22 与图 5.20 相比，Launcher 应用的窗口结构发生以下两点变化。

Display Root
TaskStackContainers
homeAnimationLayer
animation-leash
AppWindowToken
_Launcher
Launcher

图 5.22　显示 Launcher 淡出动画的窗口结构

（1）第 3 层窗口由 TaskStack 变成 homeAnimationLayer。

（2）第 4 层窗口由 Task 变成 animation-leash。

在动画执行过程中，不断改变 animation-leash 的属性，Launcher 窗口的显示效果也跟着改变。

2. 显示 Demo 应用启动屏幕窗口

正在打开的应用还无法显示界面，此时先显示启动屏幕（splash screen）窗口，流程如图 5.23 所示。

显示启动屏幕窗口流程解析如下。

（1）ActivityStack 收到 startActivityLocked 请求时调用 showStartingWindow 显示启动屏幕。

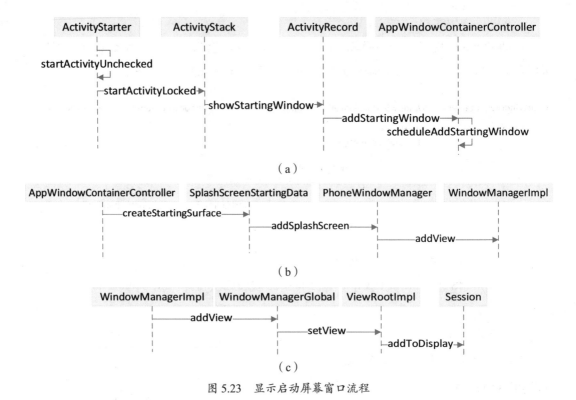

图 5.23　显示启动屏幕窗口流程

（2）在 addSplashScreen 设置启动屏幕的视图，应用程序可以定制该视图，如果不定制，则显示白色界面。

显示启动屏幕窗口后，窗口结构如图 5.24 所示。

Display Root	
TaskStackContainers	
homeAnimationLayer	animationLayer
animation-leash	animation-leash
AppWindowToken	AppWindowToken
_Launcher	_Splash Screen
Launcher	Splash Screen

图 5.24　显示启动屏幕后的窗口结构

图 5.24 与图 5.22 相比，多了 Splash Screen 窗口。Splash Screen 窗口在 Launcher 窗口前面显示。Splash Screen 窗口的内容通过动画慢慢显示出来，这里把显示窗口的动画称为窗口淡入动画。显示启动屏幕窗口后的界面如图 5.25 所示。

与初始状态相比，界面发生以下 3 个变化。

（1）中间白色区域是启动屏幕窗口，它的尺寸会由小变大，透明度由透明逐渐变为不透明。

（2）桌面应用的图标开始变模糊，这是执行淡出动画的结果。

（3）启动屏幕窗口会遮挡桌面应用的窗口。

3. 显示 Demo 应用窗口

Demo 应用进程启动后，开始显示它的窗口，此时开始隐藏启动屏幕的窗口，流程如图 5.26 所示。

隐藏启动屏幕窗口也会启动动画，此时的窗口结构如图 5.27 所示。

图 5.27 与图 5.24 相比窗口结构发生以下变化。

（1）开始显示 Demo 应用的窗口，这里使用 MainActivity 表示 Demo 应用的窗口。

（2）启动屏幕窗口有两个动画窗口 animation-leash，第 4 层的 animation-leash 执行窗口淡入动画，第 6 层的 animation-leash 执行窗口淡出动画。

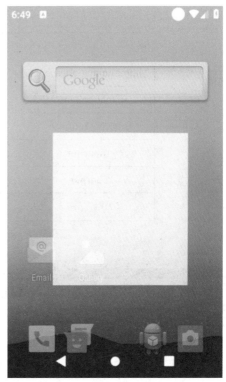

图 5.25　显示启动屏幕窗口的界面

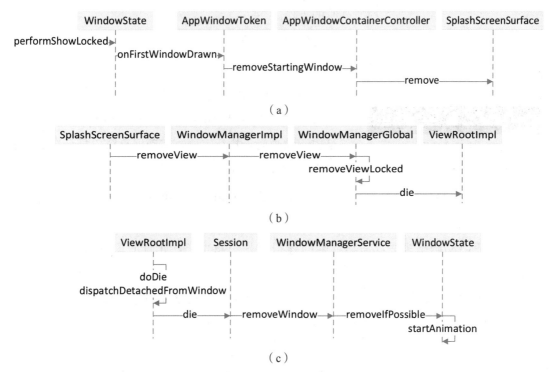

图 5.26　隐藏启动屏幕窗口

111

Display Root		
TaskStackContainers		
homeAnimationLayer	animationLayer	
animation-leash	animation-leash	
AppWindowToken	AppWindowToken	
_Launcher	_MainActivity	animation-leash
Launcher	MainActivity	_Splash Screen
		Splash Screen

图 5.27　开始显示应用窗口时的窗口结构

图 5.28　隐藏启动屏幕窗口

（3）Demo 应用窗口的淡入动画复用启动屏幕的淡入动画，这样做可使这两个的窗口大小和位置同步变化。

可以发现，启动屏幕同时存在两个动画，这是因为 Demo 应用启动较快，启动屏幕尚未完全显示就开始隐藏了。如果 Demo 启动得很慢，启动屏幕窗口显示的时间就延长，启动过程中出现长时间的白屏，体验是很不好的，为了避免这种情况的发生，应用启动时尽量不要做太多耗时的工作。

启动屏幕的窗口开始执行淡出动画后，界面显示如图 5.28 所示。

与前一阶段相比，界面发生了以下两个变化。

（1）开始显示 Demo 应用的内容，不过还比较模糊，这是由于动画尚未执行完成，启动屏幕窗口显示在 Demo 应用窗口的前面。

（2）启动屏幕尺寸变大了，不过尚未完全把 Launcher 窗口覆盖。

4. 隐藏 Demo 启动屏幕窗口

窗口淡出动画结束后，启动屏幕的窗口变为隐藏状态，此时的窗口结构如图 5.29 所示。

图 5.29 与图 5.27 相比，主要少了启动屏幕窗口，Launcher 应用的窗口淡出动画和 Demo 应用的窗口淡入动画都没执行完成。

5. 动画执行完成

Launcher 应用的窗口淡出动画和 Demo 应用的窗口淡入动画都执行完成后，隐藏

Launcher 应用的窗口，同时把 Demo 的动画窗口也隐藏掉，此时的窗口结构如图 5.30
所示。

Display Root	
TaskStackContainers	
homeAnimationLayer	animationLayer
animation-leash	animation-leash
AppWindowToken	AppWindowToken
_Launcher	_MainActivity
Launcher	MainActivity

图 5.29 隐藏启动屏幕后的窗口结构

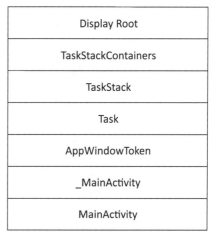

Display Root
TaskStackContainers
TaskStack
Task
AppWindowToken
_MainActivity
MainActivity

图 5.30 最终状态的窗口结构

图 5.30 与图 5.29 相比变化如下。

（1）Launcher 应用的窗口被隐藏。

（2）Demo 应用的第 3 层窗口由 animationLayer 变成
TaskStack。

（3）Demo 应用的第 4 层窗口由 animation-leash 变成
Task。

至此窗口切换流程执行完成，最终只显示 Demo 应
用的图形界面，如图 5.31 所示。

5.5 本章小结

本章主要介绍窗口位置管理的内容，分为四部分：
第 1 部分介绍窗口位置管理与图形流生产者和图形流消
费者的关系；第 2 部分介绍窗口，主要介绍窗口与图层

图 5.31 应用启动完成的界面

的关系及如何通过窗口控制图层的状态；第 3 部分介绍窗口容器树，以树状结构对窗口进
行管理；第 4 部分介绍窗口的切换过程。

第6章　图形流生产者

在图形显示系统框架中，图形流生产者处于最上层，主要负责生产图形内容。图形流
生产者生产图形内容之前需要向窗口位置管理获取窗口，生产得到缓冲数据交给图形流消
费者处理。

一般由应用担任图形流生产者的角色，本章主要介绍应用通过图形库的方式生产图形
内容的基本流程。

应用启动时开始准备生产图形的环境。准备好生产环境后，通过图形库生产图形内
容，通过窗口将图形内容显示出来。

6.1.1　启动流程

Android 系统的应用主要使用 Java 语言开发。下面从 main 函数开始了解应用的启动
过程，代码如下。

```java
/* frameworks/base/core/java/android/app/ActivityThread.java */
public final class ActivityThread extends ClientTransactionHandler {
    public static void main(String[] args) {
        Looper.prepareMainLooper();
        ActivityThread thread = new ActivityThread();
        thread.attach(false, startSeq);
        Looper.loop();
    }
}
```

main 函数是应用进程的入口函数，该函数的主要内容如下。

（1）附着：附着的目的是使 ActivityManagerService 可以管理当前应用进程。

（2）进入循环：执行 main 函数的线程是主线程，进入循环后才能使进程一直处于运行状态。在循环中主要处理消息，如果没有消息，主线程就会处于阻塞等待状态。

启动应用流程主要包含附着和启动 Activity，下面分别介绍这两部分内容。

1. 附着

附着过程可理解为注册进程信息的过程，应用进程只有把进程信息注册到 AMS 后，AMS 才能对该进程的运行状态进行管理。附着流程如图 6.1 所示。

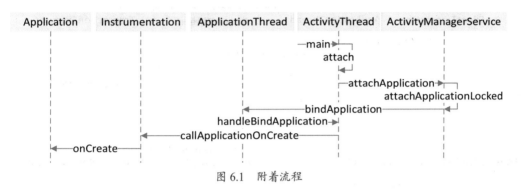

图 6.1　附着流程

附着流程解析如下。

（1）ActivityManagerService 是一个系统服务，客户进程可以通过查询服务与它建立通信连接。

（2）在 attach 中，ActivityThread 将 ApplicationThread 对象通过接口 attachApplication 传给 ActivityManagerService。ApplicationThread 是一个 Binder 对象，ActivityManagerService 通过它向应用进程发指令，达到管理应用进程的目的。

（3）附着成功后，ActivityManagerService 通过接口 bindApplication 通知客户进程。应用进程收到附着成功的通知后，创建 Application 对象调用其方法 onCreate 处理，在 onCreate 中一般做一些与进程初始化相关的工作。

一个应用程序可以包含多个进程，每个进程启动时都会发起附着流程，因此 Application 的 onCreate 方法可能会被调用多次。

2. 启动 Activity

附着成功后，ActivityManagerService 开始通知应用进程启动 Activity，启动流程如图 6.2 所示。

启动 Activity 流程解析如下。

（1）ActivityStackSupervisor 负责管理 Activity，在 attachApplicationLocked 检查应用进程，如果存在待启动的 Activity，则通知应用进程启动 Activity。

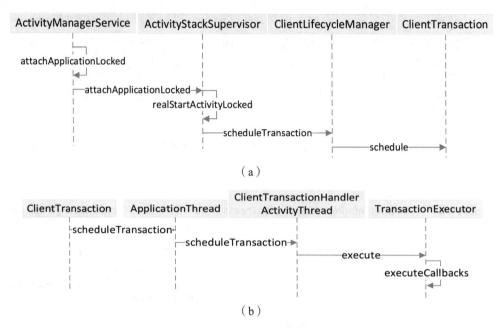

（a）

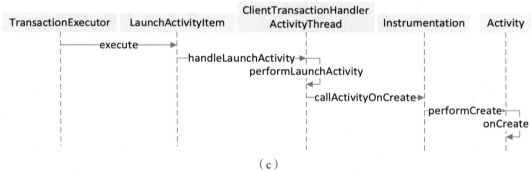

（b）

（c）

图 6.2　启动 Activity 流程

（2）请求以 ClientTransaction 形式传到应用进程，ApplicationThread 收到请求后，交给 ActivityThread 处理。

（3）TransactionExecutor 按顺序执行 ClientTransaction 中的指令，LaunchActivityItem 表示启动 Activity 的命令，执行该命令则开始启动 Activity。

（4）ActivityThread 在 performLaunchActivity 执行启动 Activity 的任务，在这一步会创建 Activity 对象，并调用它的 onCreate 函数。

在 Activity 的 onCreate 中主要处理与该 Activity 相关的初始化工作，如设置内容视图、为视图设置点击事件的监听器。

6.1.2　设置内容视图

为了能够在 Activity 的界面显示图形内容，需要为它设置内容视图，示例代码如下。

```
public class MainActivity extends AppCompatActivity {
    @Override
    protected void onCreate(Bundle savedInstanceState) {
        super.onCreate(savedInstanceState);
        setContentView(R.layout.activity_main);
    }
}
```

在 onCreate 方法中，调用 setContentView 设置内容视图，参数为布局文件的 id。设置内容视图流程如图 6.3 所示。

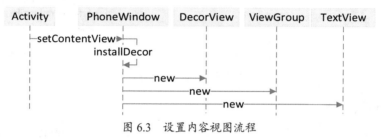

图 6.3　设置内容视图流程

设置内容视图流程解析如下。

（1）设置内容视图主要工作由 PhoneWindow 完成，在 setContentView 中创建了 3 个视图，分别是 DecorView、ViewGroup 和 TextView。

（2）ViewGroup 保存到 mContentParent，该视图作为内容视图的父视图。

（3）TextView 保存到 mTitleView，用于显示标题。

设置内容视图后，Activity 组成结构如图 6.4 所示。

Activity 组成结构解析如下。

（1）Activity：显示界面的组件，它有生命周期。

（2）PhoneWindow：作为 Activity 的成员，它是视图的容器。

图 6.4　Activity 组成结构

（3）DecorView：作为 PhoneWindow 的成员，它是视图树的根视图。

（4）mTitleView：它是 DecorView 的子视图。

（5）mContentParent：它是 DecorView 的子视图和内容视图的父视图。

6.1.3 设置根视图

设置内容视图后，需要把根视图 DecorView 传给 ViewRootImpl，ViewRootImpl 才能把视图的内容绘制出来，设置视图流程如图 6.5 所示。

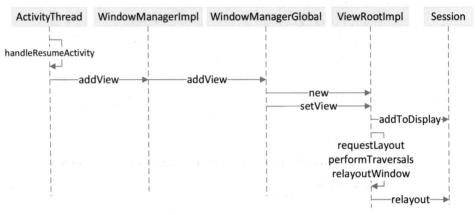

图 6.5 设置视图流程

设置视图流程解析如下。

（1）ActivityThread 处理 handleResumeActivity 请求时，从 Activity 取出 DecorView 后再把它通过 WindowManagerImpl 和 WindowManagerGlobal 设置到 ViewRootImpl。

（2）ViewRootImpl 处理 setView 请求时，把 DecorView 保存到 mView 中。

（3）ViewRootImpl 调用 addToDisplay 和 relayout 都会请求 WMS 创建窗口，其中 relayout 会获取到可绘制的窗口，该窗口保存到 ViewRootImpl 的 mSurface，相关流程可参考 5.3.7 节。

ViewRootImpl 从 WMS 获取到窗口后就能向窗口绘制图形。

6.1.4 初始化图形库

为了能够通过图形库绘制视图，创建窗口时需要初始化图形库，流程如图 6.6 所示。

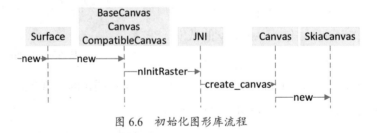

图 6.6 初始化图形库流程

初始化图形库流程解析如下。

（1）创建 Surface 对象时在其内部会创建 CompatibleCanvas 对象，该对象保存到 Surface 的成员 mCanvas 中。CompatibleCanvas 继承 Canvas，Canvas 继承 BaseCanvas。

（2）初始化 CompatibleCanvas 对象时，在 Native 层创建 SkiaCanvas 对象，该对象对 Skia 图形库进行封装。

SkiaCanvas 对象成功创建后表示图形库已经初始化完成，调用 SkiaCanvas 的方法可以绘制图形。Java 层的 Canvas 主要对 SkiaCanvas 对象进行封装，为 Java 应用程序提供绘制的方法。

6.1.5 请求 VSync 信号

ViewRootImpl 需要基于 VSync 信号绘制视图，当视图内容有更新时，开始请求 VSync 信号，流程如图 6.7 所示。

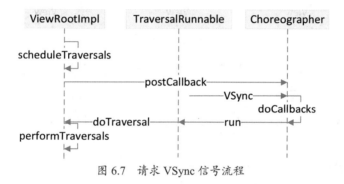

图 6.7 请求 VSync 信号流程

请求 VSync 信号流程解析如下。

（1）ViewRootImpl 处理 scheduleTraversals 请求时，通过 postCallback 向 Choreographer 注册回调。

（2）Choreographer 收到 VSync 信号后通过回调对象 TraversalRunnable 的 run 方法通知 ViewRootImpl，ViewRootImpl 通过 doTraversal 处理 VSync 信号。

（3）ViewRootImpl 在 doTraversal 中调用 performTraversals 开始遍历视图树并对视图执行绘制操作。

▶ 6.2 2D图形

2D 图形也称为平面图形，2D 图形只有水平的 X 轴和垂直的 Y 轴，一般由视图（View）绘制得到。

6.2.1 视图

视图是窗口中的一个矩形区域，主要负责绘制图形和处理事件等工作。常见的视图类有 TextView、Button 等。

视图组（ViewGroup）是视图的子类，也属于视图，此类视图可以包含子视图。常见的视图组有 FrameLayout、LinearLayout 等。

同一个窗口的所有视图排列在一起得到一棵视图树，如图 6.8 所示。

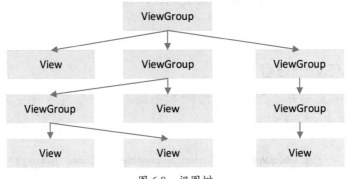

图 6.8　视图树

在视图树中，ViewGroup 一般处于树根或树干节点，包含一个或多个子视图。View 处于叶子节点，不包子视图。

每个 Activity 都有一棵视图树，DecorView 是视图树的根节点。

6.2.2　生产流程

ViewRootImpl 在 performTraversals 开始生产图形，代码如下。

```
public final class ViewRootImpl implements ViewParent,
        View.AttachInfo.Callbacks, ThreadedRenderer.DrawCallbacks {
    private void performTraversals() {
        performMeasure(childWidthMeasureSpec, childHeightMeasureSpec);
        performLayout(lp, mWidth, mHeight);
        performDraw();
    }
}
```

生产图形流程分为 3 个阶段，分别是测量、布局和绘制。下面分别对这 3 个阶段展开介绍。

1. 测量

测量是为了计算视图的大小，从根视图开始遍历视图树，对每个视图进行测量，如图 6.9 所示。

视图树中每个视图在 onMeasure 执行测量操作。对于 ViewGroup 类型的视图，除了要测量当前视图的大小，还要调用子视图的 measure 方法对子视图进行测量。

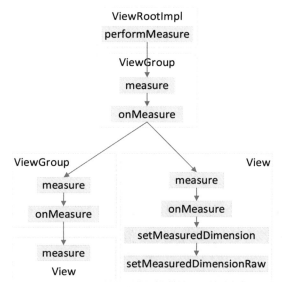

图 6.9　测量流程

在 setMeasuredDimensionRaw 中保存测量结果，代码如下。

```
class view{
    private void setMeasuredDimensionRaw(int measuredWidth,
                                         int measured Height) {
        mMeasuredWidth = measuredWidth;
        mMeasuredHeight = measuredHeight;
    }
}
```

视图经过测量后得到宽度和高度，分别保存到
mMeasuredWidth 和 mMeasuredHeight。

2. 布局

布局是为了确定视图在窗口中的位置，从根视
图开始遍历视图树，对每个视图执行布局操作，流
程如图 6.10 所示。

视图树中每个视图在 onLayout 执行布局操作。
对于 ViewGroup 类型的视图，除了要计算当前视图
的位置，还需要调用子视图的 layout 方法计算子视
图的位置。

在 setFrame 保存经过布局后的结果，代码如下。

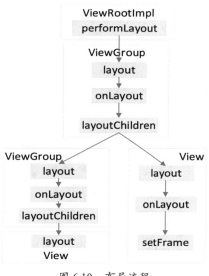

图 6.10　布局流程

```
class view{
    protected boolean setFrame(int left, int top, int right, int bottom) {
            mLeft = left;
            mTop = top;
            mRight = right;
            mBottom = bottom;
    }
}
```

视图经过布局操作后可得到边界信息，mLeft 表示左边界，mTop 表示上边界，mRight 表示右边界，mBottom 表示下边界。通过边界信息可以确定视图在窗口中的位置。

3. 绘制

绘制是将视图内容绘制到窗口中，由 performDraw 开始执行绘制视图的流程，代码如下。

```
public final class ViewRootImpl
    private void performDraw() {
        boolean canUseAsync = draw(fullRedrawNeeded);
    }
    private boolean draw(boolean fullRedrawNeeded) {
        if (!drawSoftware(surface, mAttachInfo, xOffset, yOffset,
            scalingRequired, dirty, surfaceInsets)) {}
    }
    private boolean drawSoftware(Surface surface, AttachInfo attachInfo,
            int xoff, int yoff,
            boolean scalingRequired, Rect dirty, Rect surfaceInsets) {
        canvas = mSurface.lockCanvas(dirty);
        mView.draw(canvas);
        surface.unlockCanvasAndPost(canvas);
    }
}
```

drawSoftware 开始绘制视图，绘制过程分为申请缓冲、绘制视图和缓冲送显 3 个阶段，下面分别展开介绍。

1）申请缓冲

Canvas 对象创建后，图形库尚未与图形缓冲关联，在执制绘制操作之前需要先申请缓冲并将它与图形库绑定，申请图形缓冲流程如图 6.11 所示。

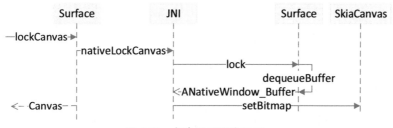

图 6.11　申请图形缓冲流程

申请图形缓冲流程解析如下。

（1）应用程序调用 Surface 的 lockCanvas 锁定 Canvas，成功后得到 Canvas 对象。

（2）Surface 处理 lockCanvas 请求时，通过 nativeLockCanvas 请求 Native 层进行下一步处理。

（3）Native 层处理 nativeLockCanvas 请求时，通过 lock 向 Surface 申请图形缓冲，申请成功后通过 setBitmap 将图形缓冲设置到图形库中。

（4）Surface 处理 lock 请求时，通过 dequeueBuffer 申请图形缓冲，详细流程可参考 4.2.3 节。

图形缓冲绑定到图形库后，调用 Canvas 的方法绘制图形，图形库会把绘制的结果保存到图形缓冲。

2）绘制视图

绘制视图时，从根视图开始遍历视图树，遍历过程如图 6.12 所示。

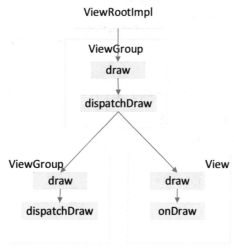

图 6.12　遍历视图过程

对每个视图调用其方法 draw 执行绘制操作。对于 ViewGroup 类型的视图，除了绘制本身，还需要绘制子视图。视图主要绘制的内容如下。

```
public class View implements Drawable.Callback, KeyEvent.Callback,
        AccessibilityEventSource {
    public void draw(Canvas canvas) {
        drawBackground(canvas);
        if (!dirtyOpaque) onDraw(canvas);
        dispatchDraw(canvas);
        onDrawForeground(canvas);
        drawDefaultFocusHighlight(canvas);
    }
}
```

视图主要绘制以下内容。

（1）drawBackground：绘制背景，如背景颜色。

（2）onDraw：绘制当前视图的内容。

（3）dispatchDraw：如果有子视图，就绘制子视图。

（4）onDrawForeground：绘制前景，如滚动条。

（5）drawDefaultFocusHighlight：视图取得焦点时绘制高亮状态。

视图通过 Canvas 的方法将图形内容绘制到图形缓冲中。下面以绘制颜色作为示例说明绘制指令传递到图形库的流程，如图 6.13 所示。

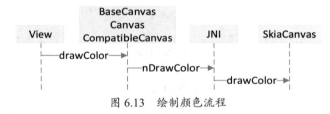

图 6.13　绘制颜色流程

drawColor 用于绘制颜色，Canvas 收到 drawColor 请求后交给 SkiaCanvas 处理，SkiaCanvas 指示图形库执行绘制颜色的操作。

除了绘制颜色，其他常见的绘制图形的方法如下。

（1）drawPoint：绘制点。

（2）drawLine：绘制线段。

（3）drawRect：绘制矩形。

（4）drawCircle 绘制圆形。

（5）drawText：绘制文字。

（6）drawBitmap：绘制位图。

视图通过以上的方法可绘制出丰富多彩的界面。

3）缓冲送显

绘制完成后，需要将图形缓冲传送到图形流消费者处理才能在屏幕中显示出来，这一过程称为缓冲送显，流程如图 6.14 所示。

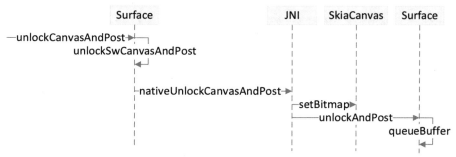

图 6.14　图形缓冲解绑与送显流程

图形缓冲送显流程解析如下。

（1）Surface 收到 unlockCanvasAndPost 请求后，交给 Native 层进行下一步处理。

（2）Native 层收到 nativeUnlockCanvasAndPost 请求后，先向 SkiaCanvas 设置一个没有缓冲的 SkBitmap 对象，经过这一步后图形缓冲与图形库实现了解绑。接着调用 unlockAndPost 请求 Surface 将图形缓冲送显。

（3）Surface 收到 unlockAndPost 请求后，将图形缓冲通过 queueBuffer 添加到缓冲队列，详细流程可参见 4.2.3 节。

至此，缓冲数据从应用进程传递到 SurfaceFlinger 进程。

6.3　3D图形

3D 图形指的是三维图形，三维是指长、宽、高这三个维度。三维物体呈现出立体效果，在游戏中比较常见。使用 OpenGL ES 或者 Vulkan 的 API 都可以绘制出 3D 图形，本节主要介绍前者的使用方法。

6.3.1　示例

下面通过一个简单的示例说明通过 OpenGL ES 的 API 绘制图形的方法，代码如下。

```
public class MainActivity extends AppCompatActivity {
    @Override
    protected void onCreate(Bundle savedInstanceState) {
        super.onCreate(savedInstanceState);
        GLSurfaceView glSurfaceView = new GLSurfaceView(this);
```

```
glSurfaceView.setRenderer(new GLSurfaceView.Renderer() {
    @Override
    public void onSurfaceCreated(GL10 gl, EGLConfig config) {
    }
    @Override
    public void onSurfaceChanged(GL10 gl, int width, int height) {
        glViewport(0, 0, width, height);
    }
    @Override
    public void onDrawFrame(GL10 gl) {
        glClearColor(1.0f, 0.0f, 0.0f, 0.0f);
        glClear(GL_COLOR_BUFFER_BIT);
    }
});
setContentView(glSurfaceView);
    }
}
```

OpengGL ES 的使用方法如下。

（1）在 MainActivity 的 onCreate 中，将 GLSurfaceView 设置为内容视图。

（2）为 GLSurfaceView 设置 Renderer。

（3）Renderer 要实现 onSurfaceCreate、onSurfaceChanged 和 onDrawFrame 这 3 个接口。在 onSurfaceChanged 调用 glViewport 设置绘制区域，在 onDrawFrame 调用 glClearColor 和 glClear 设置窗口的背景颜色。

绘制 3D 物体需要定义着色器和顶点数据，流程比较复杂，相关内容可参考 4.4.2 节。本节以绘制颜色作为示例，介绍通过 OpenGL ES 图形库绘制图形的流程。

6.3.2 生产流程

3D 应用一般基于 GLSurfaceView 开发，它提供了生产 3D 图形的环境，下面介绍它的工作原理。

1. 创建窗口

GLSurfaceView 继承于 SurfaceView。SurfaceView 也是一个视图，不过该视图不使用 ViewRootImpl 中的窗口 mSurface 绘制图形，而是基于 ViewRootImpl 的窗口再创建新的窗口。创建窗口前需要先创建窗口会话 SurfaceSession，创建流程如图 6.15 所示。

创建窗口会话流程解析如下。

（1）SurfaceView 在 updateSurface 更新窗口时创建 SurfaceSession 对象，该对象是基于 ViewRootImpl 的 mSurface 创建的。

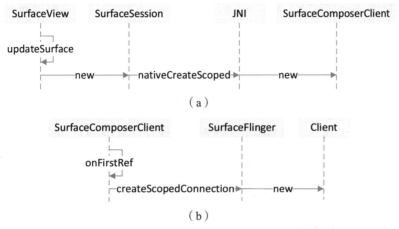

（a）

（b）

图 6.15　创建窗口会话流程

（2）SurfaceSession 在初始化时调用 nativeCreateScoped 请求创建 SurfaceComposerClient
对象，此时会把 Surface 对应的 IGraphicBufferProducer 对象传给该对象。

（3）SurfaceComposerClient 对象第一次被应用时，通过 createScopedConnection 请求
SurfaceFlinger 创建 ISurfaceComposerClient 对象，在这一步 IGraphicBufferProducer 对象被
传到 SurfaceFlinger。

（4）SurfaceFlinger 处理 createScopedConnection 请求时，根据 IGraphicBufferProducer
对象找到对应的图层对象，根据该图层创建 Client 对象，图层对象保存到 Client 对象的
mParentLayer。

通过 SurfaceSession 获取到 SurfaceComposerClient 对象，应用进程通过该对象与
SurfaceFlinger 进程建立了通信连接，接下来创建 SurfaceControl 对象，流程如图 6.16 所示。

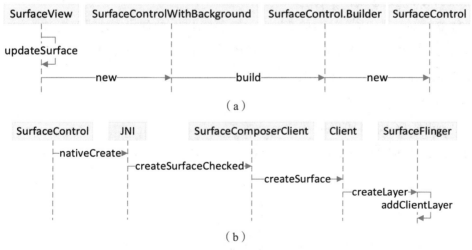

（a）

（b）

图 6.16　创建 SurfaceControl 的流程

SurfaceView 创建 SurfaceControl 的流程与 WMS 创建 SurfaceControl 的流程差别不大，

主要在 addClientLayer 会把图层保存到它的父图层中，父图层为 Client 对象的 mParentLayer。

创建 SurfaceControl 对象后，将 SurfaceControl 对应的图层与 mSurface 关联，SurfaceView 就得到一个可绘制图形的窗口。ViewRootImpl 的 mSurface 与 SurfaceView 的 mSurface 存在父子关系。

2. 获取 EGLDisplay

使用 OpenGL ES 图形库绘制图形之前，需要通过 EGL 的 API 准备生产环境，先通过 eglGetDisplay 获取 EGLDisplay 对象，流程如图 6.17 所示。

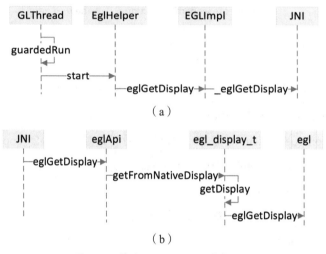

图 6.17　获取 EGLDisplay 对象流程

获取 EGLDisplay 对象流程解析如下。

（1）GLThread 是 GLSurfaceView 自带的渲染线程，guardedRun 是该线程的执行函数，GLSurfaceView 通过该线程完成绘制的工作。

（2）EglHelper 是 EGL 接口的帮助类，主要对 EGL 的使用方法进行封装，如 start 方法中调用 eglGetDisplay 获取 EGLDisplay 对象后，接着调用 eglInitialize 初始化。

（3）EGLImpl 是 EGL 封装类，对 Native 层的 EGL API 进行封装。

（4）eglApi 是 EGL 接口类。

（5）egl 是 EGL 接口的实现模块。

EGL 在不同的平台有不同的实现，这里以 libagl 的实现作为示例，eglGetDisplay 的实现如下。

```
/*frameworks/native/opengl/libagl/egl.cpp*/
EGLDisplay eglGetDisplay(NativeDisplayType display)
{
    if (display == EGL_DEFAULT_DISPLAY) {
```

```
        EGLDisplay dpy = (EGLDisplay)1;
        return dpy;
    }
    return EGL_NO_DISPLAY;
}
```

eglGetDisplay 的实现比较简单，当参数为 EGL_DEFAULT_DISPLAY 时将 1 转化为 EGLDisplay 对象并返回。

3. 创建 EGLContext

获取到 EGLDisplay 对象后，根据该对象可创建 EGLContext 对象，流程如图 6.18 所示。

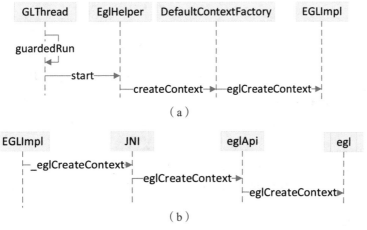

图 6.18　创建 EGLContext 流程

eglCreateContext 与 eglGetDisplay 的调用流程类似，不再对中间的调用过程进行解析，下面只介绍 eglCreateContext 在 egl 的实现过程，代码如下。

```
/*frameworks/native/opengl/libagl/egl.cpp*/
EGLContext eglCreateContext(EGLDisplay dpy, EGLConfig config,
        EGLContext /*share_list*/, const EGLint* /*attrib_list*/)
{
    ogles_context_t* gl = ogles_init(sizeof(egl_context_t));
    return (EGLContext)gl;
}
```

在 eglCreateContext 中，调用 ogles_init 初始化 OpenGL ES 图形库，得到的是 ogles_context_t 对象，该对象作为 EGLContext 对象返回。

4. 创建 EGLSurface

OpenGL ES 图形库不能识别本地窗口对象，需要根据本地窗口为它创建一个可识别的

EGLSurface 对象，创建流程如图 6.19 所示。

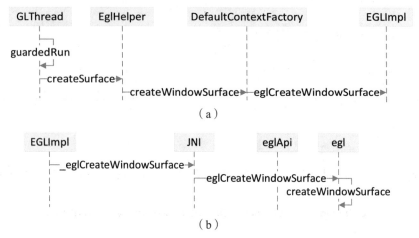

（a）

（b）

图 6.19 创建 EGLSurface 流程

前面已经了解到 SurfaceView 有一个 Surface 对象 mSurface，EglHelper 处理 createSurface 请求时会把该对象传给 egl 模块，处理流程如下。

```
/*frameworks/native/opengl/libagl/egl.cpp*/
static EGLSurface createWindowSurface(EGLDisplay dpy, EGLConfig config,
        NativeWindowType window, const EGLint* /*attrib_list*/)
{
    egl_surface_t* surface;
    surface = new egl_window_surface_v2_t(dpy, config, depthFormat,
            static_cast<ANativeWindow*>(window));
    return surface;
}
```

createWindowSurface 的第 3 个参数 window 正是 Native 层的 Surface 对象，这里根据 window 创建 egl_window_surface_v2_t 对象，该对象作为 EGLSurface 对象返回。

5. 绑定 EGLSurface 和 EGLContext

EGLContext 对象和 EGLSurface 对象都创建完成后，接下来将两者进行绑定，流程如图 6.20 所示。

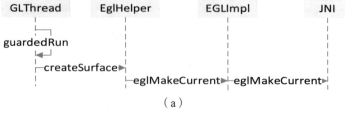

（a）

图 6.20 绑定 EGLSurface 与 EGLContext 流程

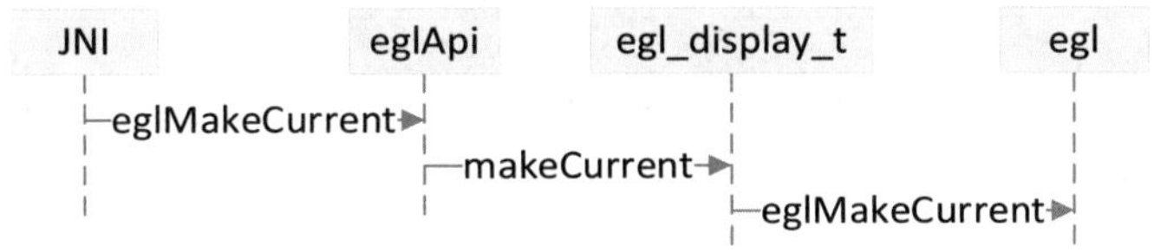

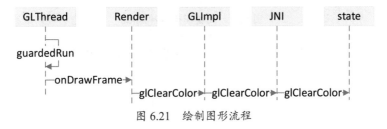

（b）

图 6.20 （续）

egl 处理 eglMakeCurrent 的流程如下。

```
/*frameworks/native/opengl/libagl/egl.cpp*/
EGLBoolean eglMakeCurrent(  EGLDisplay dpy, EGLSurface draw,
                            EGLSurface read, EGLContext ctx)
{
    ogles_context_t* gl = (ogles_context_t*)ctx;
    egl_surface_t* d = (egl_surface_t*)draw;
    egl_surface_t* r = (egl_surface_t*)read;
    d->bindDrawSurface(gl);
    r->bindReadSurface(gl);
}
```

eglMakeCurrent 的处理流程解析如下。

（1）根据 EGLContext 可得到 ogles_context_t 对象。

（2）根据 EGLSurface 可得到 egl_surface_t 对象，其实是 egl_window_surface_v2_t 对象。

（3）bindDrawSurface 和 bindReadSurface 都将图形缓冲设置到 ogles_context_t 对象中。

egl_window_surface_v2_t 持有 Surface 对象，可以通过它申请图形缓冲。把图形缓冲设置到 ogles_context_t 对象以后，OpenGL ES 图形库才能把绘制好图形内容保存到图形缓冲。

6. 绘制图形

EGL 初始化完成后，GLSurfaceView 调用 Render 的接口 onDrawFrame 开始绘制图形，下面以绘制颜色 glClearColor 为例介绍绘制图形的流程，如图 6.21 所示。

图 6.21 绘制图形流程

state 处理 glClearColor 的流程如下。

```
/*frameworks/native/opengl/libagl/state.cpp*/
void glClearColor(GLclampf r, GLclampf g, GLclampf b, GLclampf a)
{
    ogles_context_t* c = ogles_context_t::get();
    c->rasterizer.procs.clearColorx(c,
                        gglFloatToFixed(r),
                        gglFloatToFixed(g),
                        gglFloatToFixed(b),
                        gglFloatToFixed(a));
}
```

在 glClearColor 方法中，获取到 ogles_context_t 对象后调用方法 clearColorx 进行处理，此时会把绘制的结果保存到图形缓冲。

7. 交换图形缓冲

绘制完成后，为了把绘制结果显示出来，需要对 OpenGL ES 图形库执行交换图形缓冲的操作，流程如图 6.22 所示。

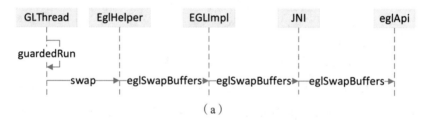

（a）

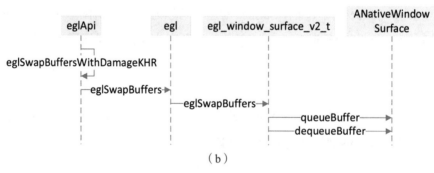

（b）

图 6.22　交换图形缓冲流程

交换图形缓冲主要由 egl_window_surface_v2_t 的 swapBuffers 实现，代码如下。

```
/*frameworks/native/opengl/libagl/egl.cpp*/
EGLBoolean egl_window_surface_v2_t::swapBuffers()
{
    nativeWindow->queueBuffer(nativeWindow, buffer, -1);
```

```
    nativeWindow->dequeueBuffer(nativeWindow, &buffer, &fenceFd);
}
```

在 swapBuffers 中，先调用 queueBuffer 将图形缓冲送显，接着调用 dequeueBuffer 申请新的图形缓冲。

交互图形缓冲后，图形库可以在新的图形缓冲中绘制下一帧的图形。

2D 图形和 3D 图形在生产过程中有以下 4 个不同。

（1）图形库不同：2D 图形使用 Skia 图形库绘制，3D 图形使用 OpenGL ES 图形库绘制。

（2）窗口不同：2D 图形使用 ViewRootImpl 的窗口绘制，3D 图形使用 SurfaceView 的窗口绘制。

（3）线程不同：2D 图形在主线程绘制，3D 图形在独立的线程绘制。

（4）触发绘制的条件不同：2D 图形基于 VSync 信号绘制，3D 图形没有基于 VSync 信号绘制，而是在循环中不断执行绘制操作和交换图形缓冲的操作。

▶ 6.4 本章小结

本章介绍图形生产的流程，内容分为三部分：第 1 部分介绍生产环境的准备过程；第 2 部分介绍 2D 图形的生产流程；第 3 部分介绍 3D 图形的生产流程。通过本章内容的学习可以掌握图形流生产者通过图形库生产图形内容的方法。

第7章　输　　入

第 3 ~ 6 章介绍了图形显示的内容。图形界面显示出来后，用户可以向系统发送指令。发送指令属于输入，系统收到指令后会对它进行处理，处理结果在图形界面显示出来，图形显示属于输出，输入与输出结合在一起，用户才能与设备正常交互。

在 Android 系统中有两种常用的输入方式：第 1 种通过输入设备；第 2 种通过输入法。

7.1　输入系统

输入系统包括输入管理及输入法管理。输入管理负责管理输入设备，用户通过输入设备产生输入事件后，输入管理负责把输入事件传递到目标图形元素，图形元素收到指令后做出响应。输入法管理模块负责对输入法进行管理，使得输入法能够向目标图形元素输入内容。

在 Android 系统中，由 InputManagerService 负责输入管理的工作，由 InputMethod-ManagerService 负责输入法管理的工作。

7.2　输入管理

7.2.1　输入管理框架

为了更好地理解输入管理的内容，先从整体上了解它的框架，如图 7.1 所示。

输入管理框架解析如下。

（1）输入管理服务是一个系统服务，运行于 system server 进程。

（2）输入管理服务主要分为 Java 层和 Native 层两部分，Java 层部分为 InputManagerService，Native 层部分为 InputManager。

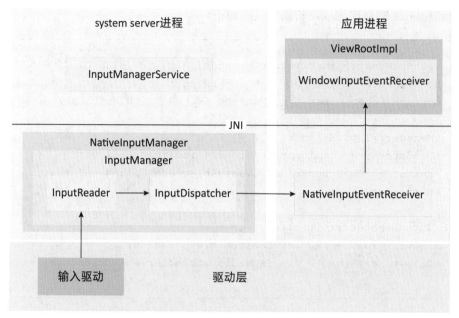

图 7.1　输入管理框架

（3）InputManager 主要成员包括 InputReader 和 InputDispatcher，前者负责从驱动层读取输入事件，后者负责把输入事件传给目标窗口。

（4）应用进程的 NativeInputEventReceiver 负责接收 InputDispatcher 发送过来的输入事件，收到事件后传递到 Java 层的 WindowInputEventReceiver。

（5）WindowInputEventReceiver 收到输入事件后交给 ViewRootImpl 处理。

（6）ViewRootImpl 收到输入事件后传给视图。

图中带箭头的连线表示输入事件的传递路径，接下来主要围绕输入事件的传递路径展开介绍。

7.2.2　启动过程

输入管理服务在系统启动时开始工作，启动过程如图 7.2 所示。

图 7.2　输入管理服务启动

输入管理服务启动过程解析如下。

（1）SystemSever 在 startOtherServices 启动服务时创建 InputManagerService 对象。

（2）InputManagerService 在初始化时通过 NativeInputManager 创建 InputManager 对象。

InputManager 的创建过程及初始化过程如下。

```
NativeInputManager::NativeInputManager(...) {
    sp<EventHub> eventHub = new EventHub();
    mInputManager = new InputManager(eventHub, this, this);
}
InputManager::InputManager(...) {
    mDispatcher = new InputDispatcher(dispatcherPolicy);
    mReader = new InputReader(eventHub, readerPolicy, mDispatcher);
    initialize();
}
void InputManager::initialize() {
    mReaderThread = new InputReaderThread(mReader);
    mDispatcherThread = new InputDispatcherThread(mDispatcher);
}
```

InputMangaer 初始化流程解析如下。

（1）在 NativeInputManager 的构造函数中创建 EventHub 和 InputMangaer 对象。

（2）在 InputMangaer 的构造函数中创建 InputDispatcher 和 InputReader 对象。

（3）在 InputMangaer 的初始化函数 initialize 创建 InputReaderThread 和 InputDispatcherThread 对象。

InputReaderThread 和 InputDispatcherThread 都是线程对象，接下来启动这两个线程。启动流程如图 7.3 所示。

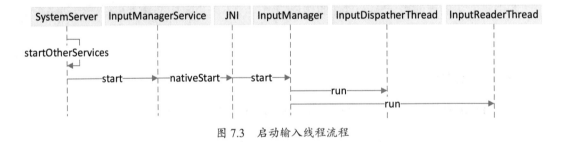

图 7.3　启动输入线程流程

调用线程对象的 run 方法后，会创建新线程，代码如下。

```
status_t Thread::run(const char* name, int32_t priority, size_t stack)
{
        res = createThreadEtc(_threadLoop,
               this, name, priority, stack, &mThread);
}
int Thread::_threadLoop(void* user){
    do {
```

```
        result = self->threadLoop();
    } while(strong != 0);
}
bool InputReaderThread::threadLoop() {
    mReader->loopOnce();
}
bool InputDispatcherThread::threadLoop() {
    mDispatcher->dispatchOnce();
}
```

创建新线程流程解析如下。

（1）InputReaderThread 和 InputDispatcherThread 都继承于 Thread。

（2）在 Thread 的 run 方法中，调用 createThreadEtc 创建新线程，新线程的执行函数为 _threadLoop。

（3）_threadLoop 在循环中不断调用 threadLoop 执行线程工作。threadLoop 是一个纯虚函数，子类需要实现该函数。

（4）InputReaderThread 在 threadLoop 中调用 InputReader 的 loopOnce 读取输入事件。

（5）InputDispatcherThread 在 threadLoop 中调用 InputDispatcher 的 dispatchOnce 分发输入事件。

7.2.3 读取事件

当输入设备产生输入事件时，输入管理需要把输入事件读取出来。下面介绍输入事件的读取和处理过程，分为以下 5 部分。

1. EventHub

EventHub 是一个负责与底层交互的模块，InputReader 依赖该模块读取输入事件。EventHub 通过 epoll 机制读取输入事件，初始化过程如下。

```
/* frameworks/native/services/inputflinger/EventHub.cpp */
static const char *DEVICE_PATH = "/dev/input";
EventHub::EventHub(void){
    mEpollFd = epoll_create(EPOLL_SIZE_HINT);
    mINotifyFd = inotify_init();
    int result = inotify_add_watch(mINotifyFd, DEVICE_PATH,
                                   IN_DELETE | IN_CREATE);
    result = epoll_ctl(mEpollFd, EPOLL_CTL_ADD, mINotifyFd, &eventItem);
}
```

EventHub 的初始化过程解析如下。

（1）调用 epoll_create 创建 epoll 实例。

（2）调用 inotify_init 创建 inotify 实例。

（3）调用 inotify_add_watch 将路径 "/dev/input" 作为监听目标添加到 inotify 实例。

（4）调用 epoll_ctl 将 inotify 注册到 epoll 实例。

初始化完成后，当有输入设备增加或者移除时，调用 epoll_wait 可检测到事件。

2. 扫描设备

EventHub 初始化后只能检测路径 "/dev/input" 的变化，还不能检测输入设备的事件。为了能够检测和读取输入设备的事件，需要扫描当前已有的输入设备并把它们设置为 epoll 的监听对象。扫描设备流程如图 7.4 所示。

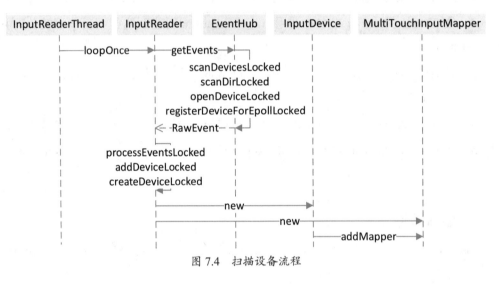

图 7.4　扫描设备流程

扫描设备流程解析如下。

（1）EventHub 的 getEvents 第一次被调用时，会调用 scanDevicesLocked 扫描设备，这一步会找到路径 "/dev/input" 下的所有设备，打开设备得到文件描述符，将文件描述符作为监听对象注册到 epoll 实例。

（2）扫描完成后，InputReader 得到 DEVICE_ADDED 类型的 RawEvent 事件，处理此类事件时，创建 InputDevice 对象用于表示扫描到的输入设备，每个设备对应一个 InputDevice 对象。

（3）输入设备通过不同类型的 InputMapper 处理输入事件，如果某个设备支持处理多点触摸事件，则需要向它添加 MultiTouchInputMapper。

经过扫描后 EventHub 就能检测到输入设备的输入事件。

3. 读取输入事件

下面以触摸事件为例说明读取输入事件的流程，如图 7.5 所示。

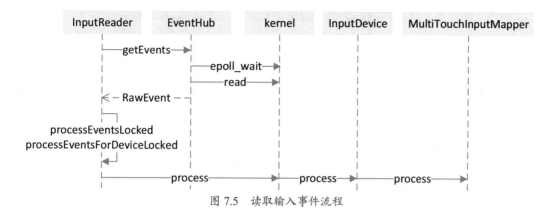

图 7.5　读取输入事件流程

读取输入事件流程解析如下。

（1）InputReader 调用 getEvents 向 EventHub 获取输入事件，如果当前没有事件发生，在 epoll_wait 这一步会进入阻塞等待状态，如果有事件发生，如用户触摸了屏幕，那么 epoll_wait 会结束等待，EventHub 开始通过 read 操作读取输入事件并传给 InputReader 处理。

（2）InputReader 获取到事件后，交给对应的 InputDevice 处理，InputDevice 通过 InputMapper 处理事件，触摸事件对应的 InputMapper 为 MultiTouchInputMapper。

4. 触摸事件的处理流程

触摸事件是由触摸屏产生的输入事件，从底层上报的事件是一些原始数据，需要查询相关的协议才能知道其中的含义，上层应用不好处理此类事件。输入事件在传给上层应用之前，需要对其进行处理，转成容易理解的事件类型。触摸事件的处理流程如图 7.6 所示。

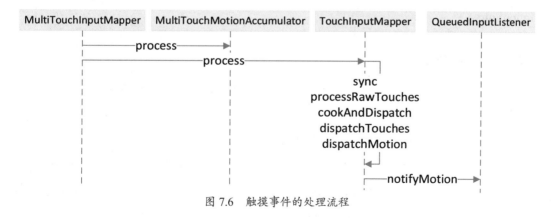

图 7.6　触摸事件的处理流程

触摸事件的处理流程解析如下。

（1）触摸设备产生输入事件后，分为多个原始事件上报到 MultiTouchInputMapper，在没有接收完所有的原始事件之前，MultiTouchInputMapper 还不能对已收到的事件进行处理，此时可以先把原始事件的信息保存起来，MultiTouchMotionAccumulator 是一个累加器，用于保存触摸事件的信息。

（2）当所有信息都上报后，MultiTouchInputMapper 会收到一个类型 EV_SYN 的事件，此时通知 TouchInputMapper 处理累加器中的信息，处理完成后得到类型为 NotifyMotionArgs 的输入事件。

（3）NotifyMotionArgs 事件保存到 QueuedInputListener 的队列 mArgsQueue 中。

（4）经过处理后，触摸事件从原始数据类型转变为 NotifyMotionArgs 结构。

5. 传递到 InputDispatcher

触摸事件处理完后，接下来要把它传递到 InputDispatcher，传递流程如图 7.7 所示。

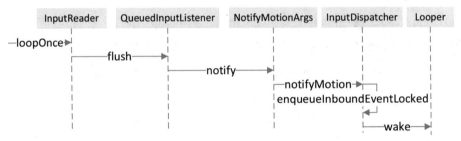

图 7.7　触摸事件传递事件流程

触摸事件传递过程分以下两步。

（1）从 QueuedInputListener 的 mArgsQueue 将 NotifyMotionArgs 类型的事件取出，转成 MotionEntry 类型的事件后，添加到 InputDispatcher 的 mInboundQueue 中。

（2）调用 Looper 的 wake 唤醒 InputDispatcherThread 线程。

触摸事件从 InputReader 传递到 InputDispatcher，事件类型从 NotifyMotionArgs 变为 MotionEntry。

7.2.4　分发事件

InputDispatcher 负责把输入事件分发给目标窗口，分发流程如图 7.8 所示。

输入事件分发流程解析如下。

（1）InputDispatcherThread 线程被唤醒后，通知 InputDispatcher 分发输入事件。

（2）InputDispatcher 分发事件时，根据 WMS 提供的信息找到输入目标 InputTarget，从输入目标可得到连接 Connection，从连接取出输入通道 InputChannel，InputChannel 包含了一个套接字，通过套接字可以向目标发送事件。

（3）分发事件过程，输入事件类型从 MotionEntry 变为 InputMessage。

应用进程显示窗口时都会与 InputDispatcher 建立连接通道，InputDispatcher 一般把当前处于焦点的窗口作为分发目标。

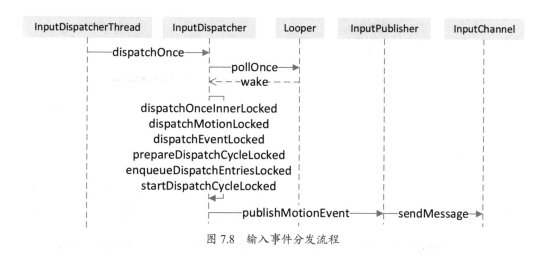

图 7.8　输入事件分发流程

7.2.5　建立连接通道

为了理解输入事件是如何传到应用进程的，下面介绍应用进程与输入管理建立连接通道的过程，分为以下 3 部分。

1. 创建 InputChannel

应用进程开始显示界面时会请求 WMS 创建 InputChannel，流程如图 7.9 所示。

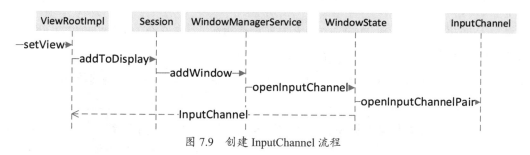

图 7.9　创建 InputChannel 流程

创建 InputChannel 流程解析如下。

（1）WMS 创建 WindowState 对象后，由 WindowState 创建 InputChannel。

（2）InputChannel 是套接字的封装类。在 Native 层通过 socketpair 创建了一对套接字，这对套接字分别封装到 Native 层的 InputChannel 对象，Java 层的 InputChannel 对象保存 Native 层的 InputChannel 对象的地址。

创建 InputChannel 后，WMS 得到两个 Java 层的 InputChannel 对象，通过这两个 InputChannel 可建立通信连接，接下来要把这两个 InputChannel 分别传给输入管理与客户进程。

2. 注册 InputChannel

WMS 把第一个 InputChannel 注册到 InputDispatcher，流程如图 7.10 所示。

图 7.10　注册 InputChannel 流程

InputDispatcher 收到 InputChannel 对象后把它保存到 Connection。

3. 监听 InputChannel

WMS 把第二个 InputChannel 返回客户进程的 ViewRootImpl，ViewRootImpl 收到 InputChannel 后，开始创建输入事件接收器，流程如图 7.11 所示。

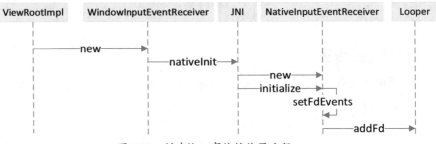

图 7.11　创建输入事件接收器流程

创建输入事件接收器流程解析如下。

（1）ViewRootImpl 收到 InputChannel 后开始创建输入事件接收器 WindowInputEventReceiver 和 NativeInputEventReceiver，前者属于 Java 层，后者属于 Native 层。

（2）NativeInputEventReceiver 从 InputChannel 获取到文件描述符后将它添加到 Looper，由 Looper 监听并接收输入事件。

至此，应用进程与输入管理建立了连接通道，可以接收从输入管理分发过来的输入事件。

7.2.6　分发到目标进程

建立连接通道后，InputDispatcher 就能通过连接通道将输入事件传递到目标窗口的 NativeInputEventReceiver，NativeInputEventReceiver 收到输入事件后对其进行处理，流程如图 7.12 所示。

输入事件处理流程解析如下。

（1）NativeInputEventReceiver 在 consumeEvents 处理输入事件时，将事件的类型转为 InputEvent 后，通过 dispatchInputEvent 方法传递到 WindowInputEventReceiver。

（2）WindowInputEventReceiver 收到事件后，将事件的类型转为 QueuedInputEvent 后，添加到 ViewRootImpl 的事件队列中，并通知 ViewRootImpl 处理事件。

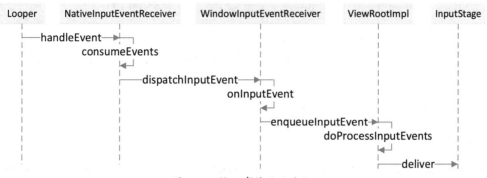

图 7.12　输入事件处理流程

ViewRootImpl 通过一系列的 InputStage 处理输入事件。下面通过一个简单的示例介绍 InputStage 的执行流程，如图 7.13 所示。

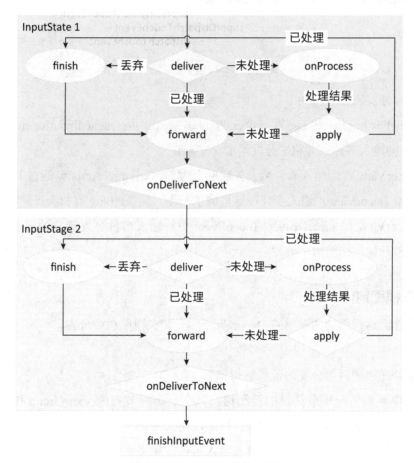

图 7.13　InputStage 的执行流程

InputStage 处理输入事件的流程解析如下。

（1）InputStage1 收到事件后，会调用 onProcess 处理事件，返回 FORWARD 表示 InputStage1 无法处理事件，交由 InputStage2 处理。

（2）如果 InputStage1 调用 onProcess 返回 FINISH_HANDLED，表示处理了事件，InputStage2 不能再调用 onProcess 处理事件。

（3）无论哪种情况，事件都传递到最后的 InputStage，由它调用 finishInputEvent 把事件销毁。

触摸类型的输入事件由 ViewPostImeInputStage 处理，它的主要工作是将输入事件分发到视图，分发流程如图 7.14 所示。

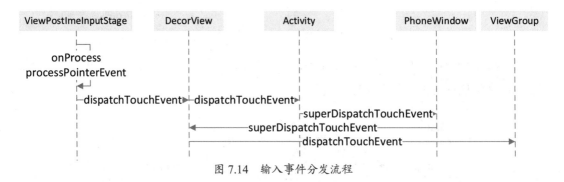

图 7.14　输入事件分发流程

输入事件分发流程解析如下。

（1）ViewPostImeInputStage 在 processPointerEvent 中从 QueuedInputEvent 取出类型为 MotionEvent 的输入事件，并将它分发给 DecorView。

（2）DecorView 收到输入事件后，先将它分发给 Activity，Activity 通过 PhoneWindow 将事件返回给 DecorView，输入事件在这里绕了一圈，使 Activity 有机会处理输入事件。

（3）DecorView 在 superDispatchTouchEvent 中将输入事件分发给它的父类 ViewGroup 后，输入事件开始在视图树中分发。

7.2.7　在视图树中分发

输入事件到达视图树的根节点 DecorView 后开始在视图树中分发，分发过程如图 7.15 所示。

输入事件在视图树中分发的流程解析如下。

（1）图中展示了一棵最简单的视图树，只有一个根节点的 ViewGroup 和一个作为叶子节点的 View，ViewGroup 是一种可拥有子节点的 View。

（2）视图树首先收到 DOWN 类型的输入事件，如果某个 View 处理了 DOWN 类型的事件，那么接下来的 MOVE 类型和 UP 类型的事件直接交由该 View 处理。

（3）ViewGoup 根据 onInterceptTouchEvent 的返回结果来决定是否拦截事件：返回值为 true 表示拦截事件，事件只能由 ViewGroup 的 onTouchEvent 处理；返回值为 false 表示不拦截事件，事件通过 dispatchTouchEvent 分发到子 View。

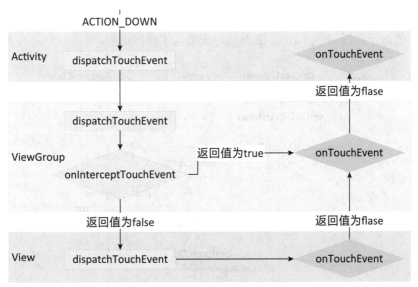

图 7.15　输入事件在视图树中分发过程

（4）子 View 在 onTouchEvent 处理输入事件，根据该方法的返回值判断输入事件是否被处理：返回值为 true 表示消费了该输入事件，其他 View 不能再处理该事件；返回值为 false 表示未消费该输入事件，输入事件将返回给父 View 处理。

（5）视图树所有视图都没有消费输入事件时，Activity 才有机会处理。

7.2.8　处理事件

要使某个视图响应事件，需要向它设置处理事件的监听器，下面通过一个简单示例说明，代码如下。

```
public class MainActivity extends AppCompatActivity {
    @Override
    protected void onCreate(Bundle savedInstanceState) {
        super.onCreate(savedInstanceState);
        setContentView(R.layout.activity_main);
        mBtnText = findViewById(R.id.btn_text);
        mBtnText.setOnClickListener(new View.OnClickListener() {
            @Override
            public void onClick(View v) {
                v.setBackgroundColor(Color.RED);
            }
        });
    }
}
```

本示例主要实现的功能是向一个视图设置了点击监听器，当点击该视图时，它的背景颜色变为红色。下面通过图 7.16 介绍视图响应输入事件的流程。

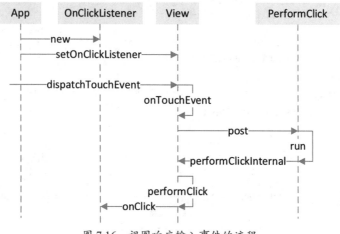

图 7.16　视图响应输入事件的流程

视图响应输入事件的流程解析如下。

（1）App 表示应用程序，为了使得某个 View 响应事件，需要在应用程序中为它设置点击监听器 OnClickListener。

（2）View 在 onTouchEvent 处理输入事件时，如果事件的动作类型为 ACTION_UP，调用点击监听器的 onClick 进行处理。

在应用程序中通过实现点击监听器对输入事件做出不同的响应，意味着输入事件需要应用程序为它赋予具体的指令含义。

7.3　输入法

通过触摸的方式向系统发生指令，指令的含义由应用程序定义，用户不能更改。用户有时需要向机器表达更具体的意图，例如访问某个网站，需要输入具体的网站地址，在显示设备中才能显示出网站的内容。

图 7.17　输入法界面

输入文字通常需要键盘来完成，如果没有外接键盘，可以通过程序实现一个输入法界面，如图 7.17 所示。

在图 7.17 中，点击输入法的按钮，输入的内容会在输入框显示。

7.3.1　输入法框架

下面介绍输入法框架，如图 7.18 所示。

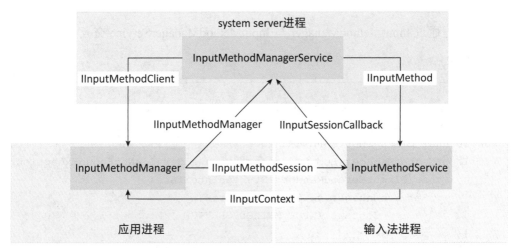

图 7.18　输入法框架

输入法框架包含 3 个组件，各组件的功能如下。

（1）InputMethodManagerService（IMMS）：输入法管理服务，运行于 system server 进程。它的主要功能是为应用进程和输入法进程建立输入法会话。

（2）InputMethodService（IMS）：输入法服务，负责显示输入法界面，并把输入的内容传给应用进程。

（3）InputMethodManager（IMM）：输入法管理，应用进程通过它请求显示输入法，接收到输入内容后传给输入框。

7.3.2　初始化服务

1. 启动 InputMethodManagerService

InputMethodManagerService 是一个系统服务，启动流程如图 7.19 所示。

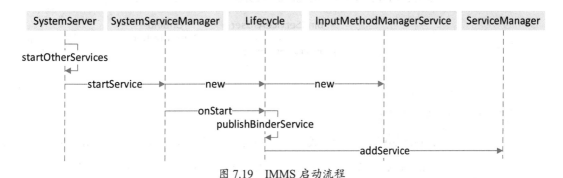

图 7.19　IMMS 启动流程

SystemServer 启动 InputMethodManagerService 时，先通过 SystemServiceManager 创建

Lifecycle 对象，再由 Lifecycle 创建 InputMethodManagerService 对象并将该对象添加到服务管理进程。

2. 客户进程与 InputMethodManagerService 交互

客户进程通过 InputMethodManager 与 InputMethodManagerService 交互，建立通信连接的流程如下。

```
/* frameworks/base/core/java/android/view/inputmethod/
   InputMethodManager. java */
public final class InputMethodManager {
    InputMethodManager(Looper looper) throws ServiceNotFoundException {
        this(IInputMethodManager.Stub.asInterface(
          ServiceManager.getServiceOrThrow(
                Context.INPUT_METHOD_SERVICE)), looper);
    }
    InputMethodManager(IInputMethodManager service, Looper looper) {
        mService = service;
    }
}
```

在构造函数中，InputMethodManager 查询得到 InputMethodManagerService 的代理对象并保存到 mService，InputMethodManager 通过 mService 与 InputMethodManagerService 建立通信连接。

3. 启动输入法服务

当 ActivityManagerService 启动完成时，开始启动输入法服务，启动流程如图 7.20 所示。

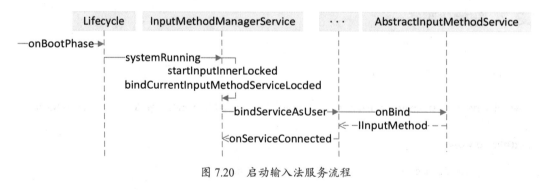

图 7.20　启动输入法服务流程

启动输入法服务流程解析如下。

（1）ActivityManagerService 启动完成后，系统进入到 PHASE_ACTIVITY_MANAGER_READY 阶段，此时 Lifecycle 通知 InputMethodManagerService 开始启动输入法服务。

（2）InputMethodManagerService 通过绑定的方式启动输入法服务，绑定成功后，

InputMethodManagerService 收到 onServiceConnected 回调，此时得到 IInputMethod 对象并将它保存到 mCurMethod。

InputMethodManagerService 通过 mCurMethod 与 InputMethodService 建立通信连接。

7.3.3　启动应用

应用启动时会与 WindowManagerService 建立通信连接，此时会把 IInputMethodClient 传给 InputMethodManagerService，传递过程如图 7.21 所示。

图 7.21　传递 IInputMethodClient 流程

传递 IInputMethodClient 流程解析如下。

（1）WindowManagerGlobal 在 getWindowSession 中先从 InputMethodManager 获取到 IInputMethodClient 对象，然后通过接口 openSession 将该对象传到 WindowManagerService。

（2）WindowManagerService 收到请求后将 IInputMethodClient 对象传给 InputMethod-ManagerService。

InputMethodManagerService 通过 IInputMethodClient 对象与 InputMethodManager 建立通信连接。

7.3.4　显示应用界面

应用显示界面时窗口会获得到焦点，此时会通知 InputMethodManagerService 处理窗口焦点变化事件，处理流程如图 7.22 所示。

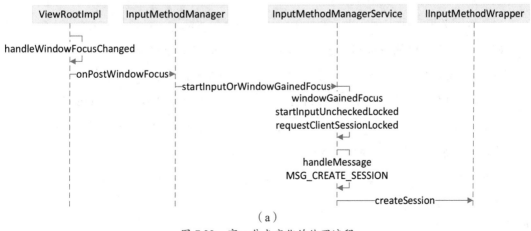

（a）

图 7.22　窗口焦点变化的处理流程

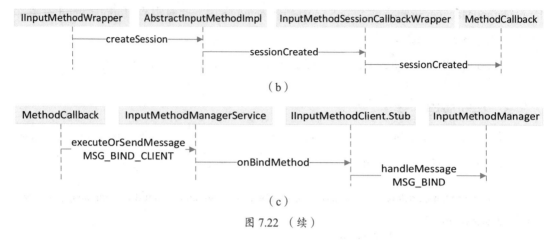

（b）

（c）

图 7.22 （续）

窗口焦点变化处理流程解析如下。

（1）InputMethodManagerService 在处理焦点变化时通知 InputMethodService 创建 IInputMethodSession 对象。

（2）InputMethodService 由 InputMethodSessionCallbackWrapper 创 建 IInputMethodSession- Wrapper 对象，该对象属于 IInputMethodSession 类型，创建成功后返回给 InputMethodManager- Service。

（3）InputMethodManagerService 将 IInputMethodSession 通 过 IInputMethodClient 传 给 InputMethodManager，InputMethodManager 会将它保存到 mCurMethod。

InputMethodManager 通过 mCurMethod 与 InputMethodService 建立通信连接。

7.3.5 触摸输入框

当用户点击输入框时，输入框会获取到焦点，此时也会通知 InputMethodManagerService 处理焦点变化事件，处理流程如图 7.23 所示。

视图焦点变化的处理流程解析如下。

（1）视图获取到焦点后会主动通知 InputMethodManager。

（2）InputMethodManager 根据焦点视图创建 ControlledInputConnectionWrapper 对象，该对象属于 IInputContext 类型，创建成功后传给 InputMethodManagerService。

（3）InputMethodManagerService 将 IInputContext 对象传给 InputMethodService。

（4）InputMethodService 收到 IInputContext 对象后把它封装到 InputConnectionWrapper 对象中，该对象会保存到 mStartedInputConnection。

InputMethodService 通过 InputConnectionWrapper 与 InputMethodManager 建立连接通道。

输入框在处理触摸事件时会通知 InputMethodManagerService 开始显示输入法，流程如图 7.24 所示。

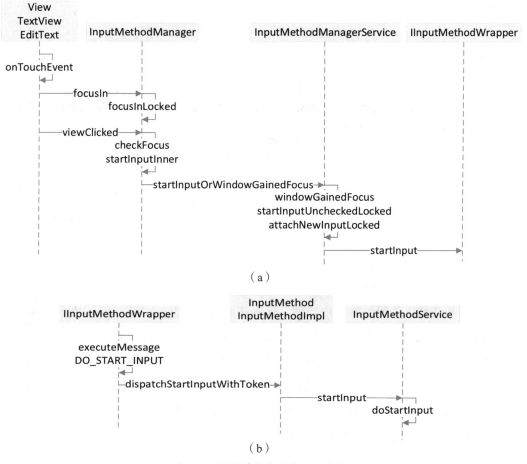

（a）

（b）

图 7.23　视图焦点变化的处理流程

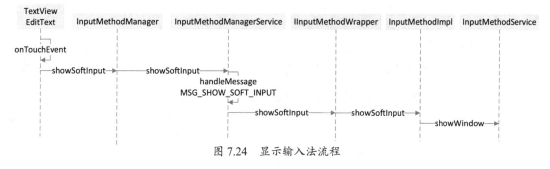

图 7.24　显示输入法流程

显示输入法流程解析如下。

（1）EditText 表示输入框，在处理触摸事件时，通过 InputMethodManager 请求显示输入法。

（2）InputMethodManager 先把请求传给 InputMethodManagerService，再由 InputMethod-ManagerService 传给 InputMethodService。

（3）InputMethodService 收到请求后，调用 showWindow 显示输入法窗口。

输入法窗口显示后，输入法应用与输入框之间已经建立了输入通道。

7.3.6 输入内容

当用户点击输入法界面的按键时，输入内容会从输入法应用传递到输入框，传递过程如图 7.25 所示。

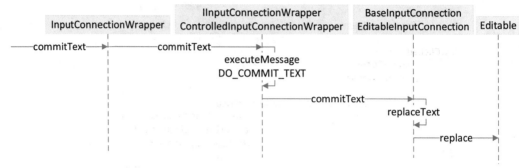

图 7.25　输入内容传递流程

输入内容传递流程解析如下。

（1）用户在输入法界面输入内容后，输入法应用通过 InputConnectionWrapper 可将输入内容传递到 InputMethodManager 的 ControlledInputConnectionWrapper。

（2）ControlledInputConnectionWrapper 与焦点视图建立了输入连接，可将输入内容传递到焦点视图的 Editable 对象，该对象用于保存视图的内容。

用户在输入法界面可以输入任意内容，输入的内容直接在输入框显示。把输入内容看作指令，通过输入法可向系统发出由用户定义的指令。

7.4　本章小结

本章介绍输入的相关内容，分为两部分：第 1 部分为输入管理，以触摸事件作为示例介绍输入事件的分发及处理流程；第 2 部分为输入法，介绍了输入法的框架及工作流程。通过本章的学习可以掌握向系统发送指令的原理。

附录A Binder通信示例

Binder 通信示例代码如下。

```cpp
/*IDemoService.h */
#pragma once
#include <stdio.h>
#include <binder/IInterface.h>
#include <binder/Parcel.h>
#include <binder/IBinder.h>
#include <binder/Binder.h>
#include <binder/ProcessState.h>
#include <binder/IPCThreadState.h>
#include <binder/IServiceManager.h>
using namespace android;
namespace android
{
// 定义接口类
class IDemoService : public IInterface
{
public:
    DECLARE_META_INTERFACE(DemoService);
    virtual int sendCommandHello(const char *param)=0; // 定义接口
};

enum
{
   CMD_HELLO = 0,
};

class BpDemoService: public BpInterface<IDemoService> {
public:
    BpDemoService(const sp<IBinder>& impl);
    virtual int sendCommandHello(const char *param);// 重写接口
```

```
};

class BnDemoService: public BnInterface<IDemoService> {
public:
    virtual status_t onTransact(uint32_t code, const Parcel& data, Parcel* reply,
                 uint32_t flags = 0);
    virtual int sendCommandHello(const char *param);// 重写接口
};
}

/*IDemoService.cpp */
#include "IDemoService.h"
namespace android
{
IMPLEMENT_META_INTERFACE(DemoService, "testservice");

BpDemoService::BpDemoService(const sp<IBinder>& impl) :
            BpInterface<IDemoService>(impl) {}
// 实现代理对象的接口
int BpDemoService::sendCommandHello(const char *param) {
    Parcel data, reply;
    data.writeInterfaceToken(IDemoService::getInterfaceDescriptor());
    data.writeCString(param);
    remote()->transact(CMD_HELLO, data, &reply);
                                // 向服务进程发送请求，命令 id 为 CMD_HELLO
    return reply.readInt32();
}
  // 实现服务对象的接口
status_t BnDemoService::onTransact(uint_t code, const Parcel& data,
            Parcel* reply, uint32_t flags) {
    switch (code) {
    case CMD_HELLO: {
        CHECK_INTERFACE(IDemoService, data, reply);
        const char * input = data.readCString();
        int r = sendCommandHello(input);
                            // 命令 id 为 CMD_HELLO，调用 sendCommand Hello 处理
        reply->writeInt32(r);
        return NO_ERROR;
        }
        break;
     default:
        break;
    }
    return NO_ERROR;
}
```

```
// 实现服务对象接口
int BnDemoService::sendCommandHello(const char *param) {
    printf("say %s\n", param);          // 收到客户进程发过来的数据后打印处理
    return 1234;                        // 把结果返回给客户进程
};
}


/*service.cpp */
#include "IDemoService.h"
int main() {
    sp < IServiceManager > sm = defaultServiceManager();
                                        // 获取服务管理进程的代理对象
    sm->addService(String16("testservice"), new BnDemoService());
                                        // 把服务添加到服务管理进程
    ProcessState::self()->startThreadPool();   // 创建新线程并把它加入线程池
    IPCThreadState::self()->joinThreadPool();  // 主线程加入线程池
    return 0;
}


/*client.cpp */
#include "IDemoService.h"
int main() {
    sp < IServiceManager > sm = defaultServiceManager();
                                        // 获取服务管理进程的代理对象
    sp<IBinder> binder = sm->getService(String16("testservice"));
                                        // 查询得到服务进程的代理对象
    sp<IDemoService > cs = interface_cast<IDemoService >(binder);
    int result = cs->sendCommandHello("Hello world from Client");
                                        // 向服务进程发送请求
    printf("get result from server %d \n", result);   // 打印结果
    return 0;
}
```

Binder 通信示例包含以下 4 个文件。

（1）IDemoService.h：定义通信的接口。

（2）IDemoService.cpp：实现通信的接口。

（3）service.cpp：实现服务进程的功能。

（4）client.cpp：实现客户进程的功能。

共享内存与套接字的示例代码如下。

```
/*AndroidManifest.xml*/
<?xml version="1.0" encoding="utf-8"?>
<manifest xmlns:android="http://schemas.android.com/apk/res/android"
    package="com.sino.ipc">
    <uses-permission android:name="android.permission.WRITE_EXTERNAL_STORAGE"/>
    <application
        android:allowBackup="true"
        android:icon="@mipmap/ic_launcher"
        android:label="@string/app_name"
        android:roundIcon="@mipmap/ic_launcher_round"
        android:supportsRtl="true"
        android:requestLegacyExternalStorage="true"
        android:theme="@style/Theme.Ipc">
        <activity android:name=".MainActivity">
            <intent-filter>
                <action android:name="android.intent.action.MAIN" />
                <category android:name="android.intent.category.LAUNCHER" />
            </intent-filter>
        </activity>
        <!-- CoreService 进程为 ProcessA, 与 MainActivity 不在同一个进程 -->
        <service android:name=".CoreService" android:process=":ProcessA"/>
    </application>
</manifest>

/* Native.java*/
package com.sino.ipc;
public class Native {
    static {
        System.loadLibrary("native-lib");
    }
```

```
    public native static int prepareSharedMemory();
    public native static void getDataFromSharedMemory(int fd);
    public native static int prepareSocket();
    public native static void sendMessage(int fd);
}

/*native-lib.cpp */
#include <jni.h>
#include <string>
#include <fcntl.h>
#include <sys/stat.h>
#include <unistd.h>
#include <sys/mman.h>
#include<android/log.h>
#include <sys/socket.h>
#include <thread>
#include <memory>
#include <sys/epoll.h>

#define SHAREDMEM_DEVICE  "/sdcard/sharedmem"
#define MEMORY_SIZE 100

#define  LOG_TAG "Ipc"
#define  LOGE(...)  __android_log_print(ANDROID_LOG_ERROR,LOG_TAG,
                                 __VA_ARGS__)

//share memory
extern "C"
JNIEXPORT jint JNICALL
Java_com_sino_ipc_Native_prepareSharedMemory(JNIEnv *env, jclass clazz) {
    // 打开文件
    int fd = open(SHAREDMEM_DEVICE, O_RDWR | O_CREAT, S_IREAD | S_IWRITE);
    if(fd < 0){
        return -1;
    }
    // 改变文件大小
    ftruncate(fd, MEMORY_SIZE);
    // 文件映射到内存
    void* addr = mmap(NULL, MEMORY_SIZE, PROT_READ | PROT_WRITE, MAP_SHARED,
                  fd, 0);
    // 向内存写入内容
    strcpy((char *)addr,"123456789");
    return fd;// 返回文件描述符
}
```

```
extern "C"
JNIEXPORT void JNICALL
Java_com_sino_ipc_Native_getDataFromSharedMemory(JNIEnv *env,
                                    jclass clazz, jint fd) {
    // 从服务进程获取到文件描述后映射到内存
    void* addr = mmap(NULL, MEMORY_SIZE, PROT_READ | PROT_WRITE, MAP_SHARED,
fd, 0);
    // 把内存的内容打印出来
    LOGE("getDataFromMemory data from sharedmemory: %s", addr);
}


//socket
// 新线程执行函数
void recvhandler(int fd){
    int epfd = epoll_create(2);
    struct epoll_event ev,events[20];
    ev.data.fd = fd;
    ev.events = EPOLLIN;
    epoll_ctl(epfd,EPOLL_CTL_ADD,fd,&ev);
    // 监听是否有数据到来
    epoll_wait(epfd,events,20,-1);// 没有数据到来时，在这一步处于阻塞等待状态
    char buf[1024]={0};
    // 有数据到来时，读取数据
    read(fd, buf,1024); //need to comsume the event
    LOGE("receive message is %s ", buf);
}


std::unique_ptr<std::thread> g_thread;
extern "C"
JNIEXPORT jint JNICALL
Java_com_sino_ipc_Native_prepareSocket(JNIEnv *env, jclass clazz) {
    int sockets[2];
    if (socketpair(AF_UNIX, SOCK_SEQPACKET, 0, sockets)) { // 创建套接字
        return -1;
    }
    // 设置套接字的收发缓冲
    int bufferSize = 1024;
    setsockopt(sockets[0], SOL_SOCKET, SO_SNDBUF,
                &bufferSize, sizeof(buffer Size));
    setsockopt(sockets[0], SOL_SOCKET, SO_RCVBUF,
                &bufferSize, sizeof(buffer Size));
    setsockopt(sockets[1], SOL_SOCKET, SO_SNDBUF,
                &bufferSize, sizeof(buffer Size));
    setsockopt(sockets[1], SOL_SOCKET, SO_RCVBUF,
                &bufferSize, sizeof(buffer Size));
```

```
    // 在新线程通过第 1 个套接字接收数据
    g_thread = std::make_unique<std::thread>(&recvhandler, sockets[0]);
    return sockets[1];
}


extern "C"
JNIEXPORT void JNICALL
Java_com_sino_ipc_Native_sendMessage(JNIEnv *env, jclass clazz, jint fd) {
    char buf[1024] = {0};
    int size = sprintf(buf,"%s", "987654321");
    // 通过第 2 个套接字向对端发送数据
    write(fd, buf, size);
}


/*CoreService.java*/
package com.sino.ipc;

import android.app.Service;
import android.content.Intent;
import android.os.Binder;
import android.os.Bundle;
import android.os.IBinder;
import android.os.ParcelFileDescriptor;
import android.os.RemoteException;
import android.util.Log;
import androidx.annotation.Nullable;
import java.io.FileDescriptor;
import java.io.IOException;

public class CoreService extends Service {
    @Nullable
    @Override
    public IBinder onBind(Intent intent) {
        return new MyBinder();
    }

    class MyBinder extends IMyAidlInterface.Stub{
        @Override
        public Bundle testSharedMemory() throws RemoteException {
            int fd = Native.prepareSharedMemory(); // 通知 native 层创建共享内存
            return prepareResult(fd);// 把共享内存的文件描述符返回给客户进程
        }

        @Override
        public Bundle testSocketpair() throws RemoteException {
```

```
            int fd = Native.prepareSocket();//通知
            return prepareResult(fd);
        }
    }

    Bundle prepareResult(int fd){
        ParcelFileDescriptor descriptor = null;
        try{
            descriptor = ParcelFileDescriptor.fromFd(fd);
                            // 文件描述符转为 ParcelFileDescriptor 对象
        }catch (IOException e){
        }
        Bundle result = new Bundle();
        if(descriptor != null){
            result.putParcelable("fd", descriptor);
                            // 把 ParcelFileDescriptor 对象打包到 Bundle
        }
        return result;
    }
}

/*MainActivity.java*/
package com.sino.ipc;
import androidx.appcompat.app.AppCompatActivity;
import android.content.ComponentName;
import android.content.Intent;
import android.content.ServiceConnection;
import android.os.Bundle;
import android.os.Environment;
import android.os.IBinder;
import android.os.ParcelFileDescriptor;
import android.os.RemoteException;
import android.util.Log;
import android.view.View;
import android.widget.TextView;

public class MainActivity extends AppCompatActivity {
    private IMyAidlInterface mBinder;

    @Override
    protected void onCreate(Bundle savedInstanceState) {
        super.onCreate(savedInstanceState);
        setContentView(R.layout.activity_main);
        findViewById(R.id.sample_sharedmemory).setOnClickListener(
                new View. OnClickListener() {
```

```
            @Override
            public void onClick(View view) {
                if(mBinder != null){
                    try {
                        // 请求服务进程创建共享内存
                        Bundle result = mBinder.testSharedMemory();
                        // 从 Bundle 对象中取出 ParcelFileDescriptor 对象
                        ParcelFileDescriptor descriptor =
                                result.getParcelable ("fd");
                        if(descriptor == null){
                            return;
                        }
                        // 通知 Native 层从共享内存读取内容
                        Native.getDataFromSharedMemory(descriptor.getFd());
                    }catch (RemoteException e){
                    }
                }
            }
        });


    findViewById(R.id.sample_socket).setOnClickListener(
            new View.OnClick Listener() {
        @Override
        public void onClick(View view) {
            try {
                // 请求服务进程创建套接字
                Bundle result = mBinder.testSocketpair();
                ParcelFileDescriptor descriptor =
                        result.getParcelable ("fd");
                if(descriptor == null){
                    return;
                }
                // 通知 Native 层向套接字发送数据
                Native.sendMessage(descriptor.getFd());
            }catch (RemoteException e){
            }
        }
    });

    Intent intent =  new Intent(this, CoreService.class);
    bindService(intent,new MyServiceConnection(),BIND_AUTO_CREATE);
                                                // 绑定服务
}
class MyServiceConnection implements ServiceConnection{
```

```
        @Override
        public void onServiceConnected(ComponentName componentName,
                                        IBinder iBinder) {
            mBinder = IMyAidlInterface.Stub.asInterface(iBinder);
                                // 绑定成功后得到服务进程的 Binder 对象
        }

        @Override
        public void onServiceDisconnected(ComponentName componentName) {
        }
    }
}
```

共享内存和套接字示例包含了以下 5 个文件。

（1）AndroidManifest.xml：定义组件 acivity 和 service，acivity 属于客户进程，service 属于服务进程。

（2）Native.java：定义了与 native 层通信的接口。

（3）native-lib.cpp：实现共享内存和套接字通信的功能。

（4）CoreService.java：实现服务进程的功能。

（5）MainActivity.java：实现客户进程的功能。

纹理示例代码如下。

```java
/*MainActivity.java*/
package com.sino.texture;
import androidx.appcompat.app.AppCompatActivity;
import android.content.res.AssetManager;
import android.opengl.GLSurfaceView;
import android.os.Bundle;
import android.view.Window;
import javax.microedition.khronos.egl.EGLConfig;
import javax.microedition.khronos.opengles.GL10;

public class MainActivity extends AppCompatActivity {
    static {
        System.loadLibrary("native-lib");
    }
    private GLSurfaceView surfaceView;

    @Override
    protected void onCreate(Bundle savedInstanceState) {
        super.onCreate(savedInstanceState);
        supportRequestWindowFeature(Window.FEATURE_NO_TITLE);
        nativeOnCreate(getAssets());
        setContentView(R.layout.activity_main);
        surfaceView = findViewById(R.id.surface_view);
        surfaceView.setEGLContextClientVersion(2);
        surfaceView.setRenderer(new Renderer());
        surfaceView.setRenderMode(GLSurfaceView.RENDERMODE_CONTINUOUSLY);
    }

    @Override
    protected void onPause() {
```

```java
        super.onPause();
        surfaceView.onPause();
    }

    @Override
    protected void onResume() {
        super.onResume();
        surfaceView.onResume();
    }

    @Override
    protected void onDestroy() {
        super.onDestroy();
        nativeOnDestroy();
    }

    private class Renderer implements GLSurfaceView.Renderer {
        @Override
        public void onSurfaceCreated(GL10 gl10, EGLConfig eglConfig) {
            nativeOnSurfaceCreated();
        }
        @Override
        public void onSurfaceChanged(GL10 gl10, int width, int height) {
            nativeSetScreenParams(width, height);
        }
        @Override
        public void onDrawFrame(GL10 gl10) {
            nativeOnDrawFrame();// 调用Native层的方法绘制纹理
        }
    }

    private native void nativeOnCreate(AssetManager assetManager);
    private native void nativeOnDestroy();
    private native void nativeOnSurfaceCreated();
    private native void nativeOnDrawFrame();
    private native void nativeSetScreenParams(int width, int height);
}
/*native-lib.cpp*/

#include <jni.h>
#include <string>
#include "TextureApp.h"
#include "BlendApp.h"

JavaVM* javaVm;
```

```cpp
TextureApp * _app = nullptr;

extern "C" JNIEXPORT jint JNI_OnLoad(JavaVM* vm, void* /*reserved*/) {
    javaVm = vm;
    return JNI_VERSION_1_6;
}


extern "C" JNIEXPORT void JNICALL
Java_com_sino_texture_MainActivity_nativeOnCreate(JNIEnv *env,
                                                  jobject activity_obj,
                                                  jobject asset_manager) {
    _app = new TextureApp(javaVm, activity_obj, asset_manager);
}
extern "C" JNIEXPORT void JNICALL
Java_com_sino_texture_MainActivity_nativeOnDestroy(JNIEnv *env,
                                                   jobject thiz) {

    if(_app != nullptr){
        delete _app;
        _app = nullptr;
    }
}


extern "C" JNIEXPORT void JNICALL
Java_com_sino_texture_MainActivity_nativeOnSurfaceCreated(JNIEnv *env,
    jobject thiz) {
    _app->OnSurfaceCreated(env);
}


extern "C" JNIEXPORT void JNICALL
Java_com_sino_texture_MainActivity_nativeOnDrawFrame(JNIEnv *env,
    jobject thiz) {
    _app->OnDrawFrame();
}


extern "C" JNIEXPORT void JNICALL
Java_com_sino_texture_MainActivity_nativeSetScreenParams(JNIEnv *env,
    jobject thiz, jint width,
                                                         jint height) {
    _app->SetScreenParams(width, height);
}

/*TextureApp.h*/
#pragma once
#include <android/asset_manager.h>
#include <android/asset_manager_jni.h>
```

```cpp
#include <GLES2/gl2.h>
#include "utils.h"
#include <string>

class TextureApp {
public:
    TextureApp(JavaVM* vm, jobject obj, jobject asset_mgr_obj);
    void OnSurfaceCreated(JNIEnv* env);
    void SetScreenParams(int width, int height){ glViewport(0, 0, width,
            height);}
    void OnDrawFrame();
private:
    jobject java_asset_mgr_;
    GLuint obj_program_;
    GLuint _extureId;
};


/*TextureApp.cpp*/
#include "TextureApp.h"
#include <android/bitmap.h>
#include <android/log.h>
// 定义顶点着色器
constexpr const char* vertexShader =
        "#version 300 es \n"
        "layout(location = 0) in vec4 a_position;\n"
        "layout(location = 1) in vec2 a_texCoord;\n"
        "out vec2 v_texCoord;\n"
        "void main()\n"
        "{\n"
        "   gl_Position = a_position;\n"
        "   v_texCoord = a_texCoord;\n"
        "}\n";
// 定义片段着色器
constexpr const char* fragmentShader =
        "#version 300 es\n"
        "precision mediump float;\n"
        "in vec2 v_texCoord;\n"
        "layout(location = 0) out vec4 outColor;\n"
        "uniform sampler2D s_TextureMap;\n"
        "void main()\n"
        "{\n"
        "  outColor = texture(s_TextureMap, v_texCoord);\n"
        "}\n";

GLuint LoadGLShader(GLenum type, const char* shader_source) {
```

```cpp
    GLuint shader = glCreateShader(type);              // 创建着色器对象
    glShaderSource(shader, 1, &shader_source, nullptr); // 把源码传给着色器
    glCompileShader(shader);                           // 编译着色器源码
    GLint compile_status;
    glGetShaderiv(shader, GL_COMPILE_STATUS, &compile_status);
                                                       // 检测编译结果


    if (compile_status == 0) {
        GLint info_len = 0;
        glGetShaderiv(shader, GL_INFO_LOG_LENGTH, &info_len);
        if (info_len == 0) {
            return 0;
        }
        std::vector<char> info_string(info_len);
        glGetShaderInfoLog(shader, info_string.size(), nullptr,
                            info_string. data());
        glDeleteShader(shader);
        return 0;
    } else {
        return shader;
    }
}
// 从 asserts 目录读取文件内容
static jobject LoadImageFromAssetManager(JNIEnv* env, jobject java_asset_mgr,
                            const std::string& path) {
    jclass bitmap_factory_class =
            env->FindClass("android/graphics/BitmapFactory");
    jclass asset_manager_class =
            env->FindClass("android/content/res/AssetManager");
    jmethodID decode_stream_method = env->GetStaticMethodID(
            bitmap_factory_class, "decodeStream",
            "(Ljava/io/InputStream;)Landroid/graphics/Bitmap;");
    jmethodID open_method = env->GetMethodID(
            asset_manager_class, "open",
            "(Ljava/lang/String;)Ljava/io/InputStream;");

    jstring j_path = env->NewStringUTF(path.c_str());

    jobject image_stream =
            env->CallObjectMethod(java_asset_mgr, open_method, j_path);
    jobject image_obj = env->CallStaticObjectMethod(
            bitmap_factory_class, decode_stream_method, image_stream);
    if (env->ExceptionOccurred() != nullptr) {
        env->ExceptionClear();
        image_obj = nullptr;
```

```
        }

    if (j_path) {
        env->DeleteLocalRef(j_path);
    }
    return image_obj;
}


TextureApp::TextureApp(JavaVM *vm, jobject obj, jobject asset_mgr_obj) {
    JNIEnv *env;
    vm->GetEnv((void **) &env, JNI_VERSION_1_6);
    java_asset_mgr_ = env->NewGlobalRef(asset_mgr_obj);
}


void TextureApp::OnSurfaceCreated(JNIEnv* env){
    glGenTextures(1, &_extureId); // 创建纹理对象
    glBindTexture(GL_TEXTURE_2D, _extureId);// 绑定纹理对象
    // 设置参数
    glTexParameterf(GL_TEXTURE_2D, GL_TEXTURE_WRAP_S, GL_CLAMP_TO_EDGE);
    glTexParameterf(GL_TEXTURE_2D, GL_TEXTURE_WRAP_T, GL_CLAMP_TO_EDGE);
    glTexParameteri(GL_TEXTURE_2D, GL_TEXTURE_MIN_FILTER, GL_LINEAR);
    glTexParameteri(GL_TEXTURE_2D, GL_TEXTURE_MAG_FILTER, GL_LINEAR);
    glBindTexture(GL_TEXTURE_2D, GL_NONE);// 解绑
    // 加载着色器
    const int obj_vertex_shader = LoadGLShader(GL_VERTEX_SHADER,
                                               vertexShader);
    const int obj_fragment_shader = LoadGLShader(GL_FRAGMENT_SHADER,
                                                 fragmentShader);
    // 创建program对象
    obj_program_ = glCreateProgram();
    // 着色器对象关联到program
    glAttachShader(obj_program_, obj_vertex_shader);
    glAttachShader(obj_program_, obj_fragment_shader);
    glLinkProgram(obj_program_);// 链接程序
    glUseProgram(obj_program_);// 启用program
    // 把图片的数据加载到内存中
    jobject bmobj = LoadImageFromAssetManager(env,java_asset_mgr_,
                                              "tex. png");

    if(bmobj){
        AndroidBitmapInfo info;
        AndroidBitmap_getInfo(env, bmobj, &info);
        // 得到保存图像数据的内存地址
        void *addr = nullptr;
        AndroidBitmap_lockPixels(env, bmobj, &addr);
```

```
        glActiveTexture(GL_TEXTURE0);
        glBindTexture(GL_TEXTURE_2D, _extureId);
        // 纹理对象载入图像数据
        glTexImage2D(GL_TEXTURE_2D, 0, GL_RGBA, info.width, info.height,
                    0, GL_RGBA, GL_UNSIGNED_BYTE, addr);
        glBindTexture(GL_TEXTURE_2D, GL_NONE);

        AndroidBitmap_unlockPixels(env, bmobj);
    }
}
// 绘制
void TextureApp::OnDrawFrame() {
    if(obj_program_ == GL_NONE || _extureId == GL_NONE) return;
    // 设置背景颜色
    glClear(GL_STENCIL_BUFFER_BIT | GL_COLOR_BUFFER_BIT |
            GL_DEPTH_BUFFER_ BIT);
    glClearColor(0.5, 0.5, 0.5, 1.0);
    // 定义顶点坐标
    GLfloat verticesCoords[] = {
            -1.0f,  0.5f, 0.0f,
            -1.0f, -0.5f, 0.0f,
             1.0f, -0.5f, 0.0f,
             1.0f,  0.5f, 0.0f,
    };
    // 定义纹理坐标
    GLfloat textureCoords[] = {
            0.0f,  0.0f,
            0.0f,  1.0f,
            1.0f,  1.0f,
            1.0f,  0.0f
    };
    GLushort indices[] = { 0, 1, 2, 0, 2, 3 };
    // 把顶点坐标传给顶点着色器中位置为 0 的变量
    glVertexAttribPointer (0, 3, GL_FLOAT, GL_FALSE, 3 * sizeof (GLfloat),
                        verticesCoords);
    glEnableVertexAttribArray (0);
    // 把纹理坐标传给顶点着色器中位置为 0 的变量
    glVertexAttribPointer (1, 2, GL_FLOAT, GL_FALSE, 2 * sizeof (GLfloat),
                        textureCoords);
    glEnableVertexAttribArray (1);
    // 绑定纹理对象
    glActiveTexture(GL_TEXTURE0);
    glBindTexture(GL_TEXTURE_2D, _extureId);
    // 采样器关联纹理对象
```

```
        GLint loc = glGetUniformLocation(obj_program_, "s_TextureMap");
        glUniform1i(loc, 0);
        // 开始绘制
        glDrawElements(GL_TRIANGLES, 6, GL_UNSIGNED_SHORT, indices);
    }
```

纹理示例包含以下 4 个文件。

（1）MainActivity.java：创建纹理的显示环境。

（2）native-lib.cpp：将 Java 层的请求转给 TextureApp 处理。

（3）TextureApp.h：定义类 TextureApp。

（4）TextureApp.cpp：实现绘制纹理的功能。